科学第一视野
KEXUEDIYISHIYE

[权威版]

地球

DIQIU

中国出版集团
现代出版社

图书在版编目（CIP）数据

地球 / 杨华编著 . — 北京：现代出版社 , 2013.1
（科学第一视野）
ISBN 978-7-5143-1020-7

Ⅰ.①地… Ⅱ.①杨… Ⅲ.①地球 – 青年读物②地球
– 少年读物 Ⅳ.① P183-49

中国版本图书馆 CIP 数据核字 (2012) 第 292956 号

地 球

编　著	杨　华
责任编辑	刘春荣
出版发行	现代出版社
地　址	北京市安定门外安华里 504 号
邮政编码	100011
电　话	010-64267325　010-64245264（兼传真）
网　址	www.xdcbs.com
电子信箱	xiandai@ cnpitc.com.cn
印　刷	汇昌印刷（天津）有限公司
开　本	710mm×1000mm　1/16
印　张	10
版　次	2014 年 12 月第 1 版　2021 年 3 月第 3 次印刷
书　号	ISBN 978-7-5143-1020-7
定　价	29.80 元

前言 PREFACE

　　地球，是人类的家园。绿色的陆地、蔚蓝的海洋、雪白的冰峰，吸引着人们去探索去认识。世界是可以认识的，但是，人类认识自己的家园却经历了一个曲折的过程。

　　在古代，人们生活在大地上，由于受到山脉、沙漠和海洋的阻隔，活动的范围不广，科学也不发达，对大自然的一些现象只是凭着自己直觉的印象来判断。当一些现象没法解释的时候，就产生了各种各样的幻想，甚至蒙上了许多神秘的色彩。随着科技的进步和人类足迹的拓展，人类逐步认识到地球是太阳系八大行星之一。现代科技的迅猛发展，使人类对地球的认识日益深入。

　　地球是一个活跃的行星。根据板块构造说，地壳由几大板块构成，这些板块漂浮在炽热的地幔上缓慢移动。在板块交界处常常存在许多巨大的断层，致使地震发生、火山喷发。地球的外壳非常年轻，它不断受到大气、水和生物的侵蚀，并在地质运动中不断地重建。这样的地壳构造在太阳系中是独一无二的。

　　海洋占地球表面面积的 71%，包括中心部分的洋和边缘部分的海，约占地球上总水量的 97%。目前人类已探索的海洋只有 10%，还有 90% 的海洋是未知的。地球上的森林通过绿色植物的光合作用，吸收大量的二氧化碳而放出氧气，维系了大气中二氧化碳和

氧气的平衡，使人类不断地获得新鲜空气。而随着社会的发展，人类将大量的二氧化碳排放到大气中；过多的二氧化碳使温室效应变得越来越严重。

人类探索太空后，才对自身居住的地球有了更多的认识。地球有一个卫星——月球，围绕地球运动。每当夜幕降临，一轮明月升上夜空，清澈的月光洒满大地，总会让人产生无数的联想，为人类的生活平添了许多情趣。截止目前，人类唯一到达的另外一颗星球就是月球。

人类在具有环保意识以前，一直以为地球上的海、陆、空无穷无尽，从不担心把千万吨废气排向天空、把数以亿吨计的垃圾倒进海洋所造成的后果。当人们意识到工业化、生活污染所带来的副作用的时候，温室效应、水资源污染、能源短缺、土地沙漠化等等一系列的问题就无情地摆在面前。

这就是我们的地球。这就是我们的家园。联合国将每年的 4 月 22 日定为世界地球日，为的是让我们珍爱地球，因为人类只有这一个家园。

Contents
目录 >>

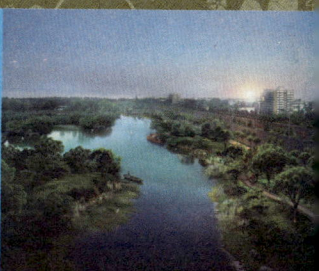

第一章 地球是一颗行星

地球的起源..2

古人对地球的认识..4

地球的形状之争..7

地球的旋转运动..11

地球的内部结构..13

地球周长有多长..15

第二章 地球上的海洋

海洋是如何形成的..20

世界大洋的划分..22

洋流的分布与成因..27

有趣的海底火山..29

奇特的海沟..32

海底世界的模样..34

地球上有特色的海..37

丰富的海洋资源..40

1

第三章 地球上的陆地

大陆板块的漂移 ………………………………………… 44
"新大陆"的发现 ………………………………………… 46
地球表面的形态 ………………………………………… 50
陆地上的主要河流 ……………………………………… 54
陆地上的湖泊 …………………………………………… 59
地球上人口的承载能力 ………………………………… 63
地球上的生物种类 ……………………………………… 65

第四章 地球之肺——森林

森林是人类的老家 ……………………………………… 70
森林资源分布不均衡 …………………………………… 72
亚马孙森林及热带雨林 ………………………………… 74
森林有自然防疫作用 …………………………………… 77
砍伐森林的教训 ………………………………………… 80

第五章 地球之肾——湿地

湿地是人类的发祥地 …………………………………… 84
湿地的生态效应 ………………………………………… 86
鸟类的乐园 ……………………………………………… 89
我国八大湿地区 ………………………………………… 91

青藏高寒湿地 ………………………………………… 93
各国对湿地的保护 …………………………………… 95

第六章　地球上的生物圈

生物圈是最大的生态系统 …………………………… 100
生物圈的演化 ………………………………………… 102
生态系统中的物质循环 ……………………………… 104
人类与生物圈 ………………………………………… 106
生物的食物链 ………………………………………… 108
生物的主要分类 ……………………………………… 110

第七章　地球上的岩石圈

岩石圈的发现过程 …………………………………… 116
岩石圈的物质循环 …………………………………… 118
岩石圈的组成 ………………………………………… 120
我国大陆岩石圈结构特征 …………………………… 123

第八章　地球的卫星——月球

月球是个静寂的星球 ………………………………… 126
月球的旋转 …………………………………………… 129
月亮上的奇妙现象 …………………………………… 131
没有水的月海 ………………………………………… 132

月面上的辐射纹 134

人类的第一次登月 136

月球对地球的影响 138

人造地球卫星 139

第九章 地球大气层

地球上的大气压力 146

地球的大气层 147

地球的外层空间 150

第一章
地球是一颗行星

地球是一颗不平凡的球体。它是太阳系由内到外的第三颗行星，赤道半径为 6 378.2 千米，其大小在太阳系行星中排列第五位。地球表面的 71% 被水覆盖，其余部分是陆地。说它不平凡，是因为地球是包括人类在内的上百万种生物的家园。而且是目前人类所知宇宙中唯一存在生命的天体。地球已有 46 亿岁，有一颗卫星——月球围绕着地球以 27.32 天的周期旋转，而地球自西向东旋转，以近 24 小时的周期自转并且以一年的周期绕太阳公转。

地球的起源

　　地球的起源自古以来一直是人们关心的问题。即在什么时候，由什么物质，以什么方式，经历什么过程才形成的。地球是太阳系的一员，它的起源与太阳系的起源基本是一致的。

　　关于地球的起源问题，前人已有相当长的探讨历史了。在古代，人们就曾探讨了包括地球在内的天地万物的形成问题，期间，逐渐形成了关于天地万物起源的"创世说"，我国则有盘古开天辟地的传说。在世界范围内，流传最广的要数《圣经》中的"创世说"。

　　自 1543 年波兰天文学家哥白尼提出了"日心说"以后，地球起源的讨论突破了宗教神学的桎梏，开始了对地球和太阳系起源问题的真正科学探讨。1644 年，法国科学家笛卡儿在他的《哲学原理》一书中提出了第一个太阳系起源的学说，他认为太阳、行星和卫星是在宇宙物质涡流式的运动中形成的。一个世纪之后，法国博学家布封于 1745 年在《一般和特殊的自然史》中提出第二个学说，认为：一个巨量的物体，假定是彗星，曾与太阳碰撞，使太阳的物质分裂为碎块而飞散到太空中，形成了地球和行星。事实上由于彗星的质量一般都很小，彗星不可能从太阳上撞出足以形成地球和行星的大量物质的。在布封之后的 200 年间，人们又提出了许多学说。这些学说基本倾向于笛卡尔的"一元论"，即太阳和行星由同一原始气体云凝缩而成；也有"二元论"观点，即认为行星物质是从太阳中分离出来的。1755 年，著名德国古典哲学创始人康德提出了"星云假说"。1796 年，法国著名数学和天文学家拉普拉斯在他的《宇宙体系论》一书中，独立地提出了另一种太阳系起源的"星云假说"。由于拉普拉斯和康德的学说在基本论点上是一致的，所以后人称两者的学说为"康德－拉普拉斯学说"。整个 19 世纪，这种学说在天文学中一直占有统治的地位。

到 20 世纪初，由于康德 – 拉普拉斯学说不能对太阳系的越来越多的观测事实作出令人满意的解释，致使"二元论"学说再度流行起来。1900 年，美国地质学家张伯伦提出了一种太阳系起源的学说，称为"星子学说"；同年，美国天文学家摩耳顿发展了这个学说，他认为曾经有一颗恒星运动到离太阳很近的距离，使太阳的正面和背面产生了巨大的潮汐，从而抛出大量物质，逐渐凝聚成了许多固体团块或质点，称为星子，进一步聚合成为行星和卫星。现代的研究表明，由于宇宙中恒星之间相距甚远，相互碰撞的可能性极小，因此，摩耳顿的学说不能使人信服。

1932 年，比利时天文学家勒梅特首次提出了现代宇宙大爆炸理论。该理论认为宇宙在诞生前，所有的物质都高度密集在一个点上。这个点有着极高的温度，大概在 150 亿年前，它发生了大爆炸，碎片向四面八方散开。此后，物质开始向外大膨胀，先后诞生了星系团、星系、我们的银河系、恒星、太阳系、行星、卫星等，并生成了化学元素。今天，我们看见的和看不见的一切天体和宇宙物质，都是在这一演变过程中诞生的。

科学家是如何推测出这场宇宙大爆炸的呢？这就要依赖天文学家的观测和研究了。他们发现银河系附近的星系都在远离我们而去，离我们越远的星系，飞奔的速度越快。对此，人们开始

图与文

模拟宇宙爆炸：20 世纪 80 年代，诺贝尔物理奖获得者丁肇中领导的研究小组在瑞士建造了名为"莱泼"的超级加速器来模拟宇宙爆炸。该加速器周长有 27 千米，它的庞大身躯从邻近瑞士日内瓦的平原，一直延伸到法国紫罗山下，所有的电缆、机器都深埋在地下 50 ～ 100 米深处。研究小组将约 10 亿伏特电子输入粒子加速器后，去和同样高压的反电子对撞。这亿分之一秒的撞击，激发出相当于太阳表面温度几百亿倍的高温，模拟了天地初开时那一刹的"宇宙爆炸"。由此，大爆炸宇宙学通过了最严峻的考验。

反思，如果把这些向四面八方远离的星系的运动倒过来看，它们可能当初是从同一源头发射出去的，这是不是就证明宇宙之初发生过一次难以想象的宇宙大爆炸呢？

1965年，美国天文学家彭齐亚斯和威尔逊发现了宇宙背景辐射，后来他们证实宇宙背景辐射是宇宙大爆炸时留下的遗迹，从而为理论提供了重要的依据。他们也因此获得了1978年诺贝尔奖。

什么是宇宙背景辐射呢？宇宙背景辐射指一种充满整个宇宙的电磁辐射，频率属于微波范围。有研究表明，宇宙大爆炸发生后约30万年，遗存的热气体发出的辐射四处穿透，就成为宇宙背景辐射。宇宙背景辐射中包含着比遥远星系和射电源所能提供的更为古老的信息，因此对研究宇宙起源极有帮助。

1989年11月，美国发射了"宇宙背景探测者号"卫星（简称"科勃"），12月，"科勃"首次探测深空时，证实宇宙始于一次猛烈的大爆炸而均匀扩张并冷却至现在的状态。后来，美国宇航局的宇宙背景探测器还发现了宇宙诞生时原始火球的残留物。

大爆炸宇宙论的创立，阐释了太阳系和地球的起源。同时，标志着人类用科学的思辨推开了通向宇宙的门扉，成为人类文明史上的重要里程碑。

古人对地球的认识

远古时代，人们对宇宙结构的认识处于十分幼稚的状态；人们通常按照自己的生活环境对宇宙的构造作一些幼稚的推测。

在我国西周时期，生活在华夏大地上的人们提出的早期"盖天说"，认为，天穹像一口锅，倒扣在平坦的大地上；后来又发展为后期"盖天说"，认为大地的形状也是拱形的。公元前7世纪，巴比伦人认为，天和地都是拱形的，大地被海洋所环绕，而其中央则是高山。古埃及人把宇宙想象成以天为盒盖、大地为盒底的大盒子，大地的中央则是尼罗河。古印度人想象圆盘形的大地负在几只大象上，而象则站在巨大的龟背上，公元前7世纪末，古希腊的泰勒斯认为，大地是浮在水面上的巨大圆盘，上面笼罩着拱形的天穹。

最早认识到大地是球形的是古希腊人。公元前6世纪，毕达哥拉斯从美学观念出发，认为一切立体图形中最美的是球形，主张天体和我们所居住的大地都是球形的。古希腊著名的科学家、哲学家亚里士多德才第一次对大地是球形作出了论证。他观察天象，从月食时地球在月球上的投影等现象中，推断大地的形状为球形。直到1519 ~ 1522年，葡萄牙的麦哲伦率领探险队完成了第一次环球航行后，地球是球形的观点才得以证实。现代随着测量技术的不断进步，测得的地球赤道半径为6 378千米。如果我们把这个庞大的地球，缩小制成一个直径1米的地球仪，赤道半径只比极半径长1毫米多，这点微小差别，在地球仪上是表示不出来的，所以我们使用的地球仪都还是正圆形的。

人类经过很长时间的探索才认识到我们脚下的大地是个球体。大地这个球体该放在宇宙的什么地方呢？开始人们把它放在了宇宙的中心。后来，有个叫帕拉多喜的人发现天上的星星有一些在动，人们管它们叫行星，与之相应，不动的星星便叫恒星。于是人们就说，天上的月亮、太阳以及所有行星、恒星都绕着地球做圆周轨

大地是个球体

道运动。托勒密第一个用数学方法确定了地球与行星的关系，给古希腊人心目中的宇宙图景做出了定量的描绘。这个图景后来成了基督教神学的理论基础。

公元 2 世纪，托勒密提出了一个完整的"地心说"。这一学说认为地球在宇宙的中央安然不动，月亮、太阳和诸行星以及最外层的恒星都在以不同速度绕着地球旋转。"地心说"曾在欧洲流传了 1000 多年。1543 年，哥白尼提出了"日心说"，认为太阳位于宇宙中心，而地球则是一颗沿圆轨道绕太阳公转的普通星球。这一年哥白尼出版《天体运行论》，把地球从宇宙中心移开。在哥白尼的体系中，地球不再是宇宙的中心，而是与其他行星一样沿正圆形轨道绕太阳旋转的。

图与文

宇宙射线：指的是来自于宇宙中的一种具有相当大能量的带电粒子流。1912 年，德国科学家韦克多·汉斯带着电离室在乘气球升空测定空气电离度的实验中，发现电离室内的电流随海拔升高而变大，从而认定电流是来自地球以外的一种穿透性极强的射线所产生的，于是有人为之取名为"宇宙射线"。

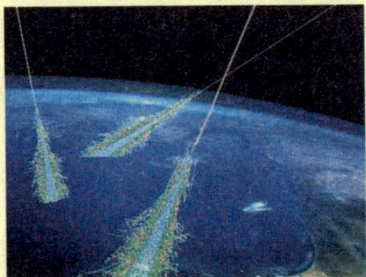

17 世纪之前，人们一直都是凭借肉眼来观察天象，并借助一些简单的度量仪器来研究天体，主要是太阳、月球和可以用肉眼看到的五大行星。我国先人用他们所熟知的金木水火土五行，古希腊、古罗马人用他们熟悉的神来给这些行星起了名字。

1610 年，伽利略发明了天文望远镜，从而拓宽了人们的视野，看到了用肉眼无法看到的新的宇宙图景。这个时候，人们才发现我们所在的太阳系，只是宇宙的一分子。

从 18 世纪到 19 世纪上半叶是近代天文学大发展的时期。这时期建立了完整的大行星、地球和彗星运动理论，发现了一些新的行星、行星的卫星和小行星，并且把观察的视野从太阳系扩展到了银河系的其他恒星系。19 世纪下半叶，天文学家将当时物理学中的一些新的理论和方法引入到天体研究中，创立了天体物理学，从此开始了现代天文学阶段。

进入 20 世纪之后，无论是天体物理理论，还是天体观测方法都取得了

很大的进展。在传统的光学天文学领域，随着反射天文望远镜的出现，一改 19 世纪折射天文望远镜的局限，天文望远镜的口径不断增大。1908 年出现了 1.5 米镜、1918 年出现了 2.5 米镜、1948 年出现了 5 米镜、1976 年出现了 6 米镜，1993 年口径 10 米的巨型天文望远镜问世，使人们的视野进入到更为遥远的宇宙空间。

1932 年，美国工程师央斯基发现了来自银河系中心方向的宇宙无线电波，后来将这种无线电波称为宇宙射线，由此发现了了解宇宙的新途径，并创立了射电天文学。手段的改进是天文学发展的前提。射电望远镜的出现使宇宙全波段地展现在人类的视野中，使人类了解到一些根据可见光无法了解的天体和物质，例如超新星痕迹、类星体、脉冲星、星际分子和微波背景辐射等。

自 20 世纪 60 年代开始，人类探索宇宙的立足点不再局限于地球。1962 年，美国探空火箭携带 X 射线探测器飞离地球 150 千米，发现了在地球表面无法接收的来自宇宙的强 X 射线，开创了空间天文学时代。1998 年 6 月，美国航天飞机发现者号携带着有中国科学家参与研制的 α 磁谱仪，试图寻找宇宙中的反物质。

地球的形状之争

自从麦哲伦完成环球航行后，几乎就没有人再怀疑地球是球形的了，而且许多人都自然而然地附和毕达哥达斯的理论，认为地球是个完美的浑圆的圆球。

可后来的一件事，让这个观点有了争论。事情发生在 1672 年，法国一位天文学家里歇，被巴黎科学院派往南美赤道附近圭亚那的一个叫做卡宴的地方，去从事火星视差观测工作。里歇从巴黎出发时随身带去一台摆钟，这钟是经过校正的，一向走得非常准确。可是当他到达卡宴后，却发现这台摆钟走得不准了——每昼夜慢了2分28秒。是什么原因呢？开始，里歇以为是自己疏忽，来时时间校正得不够正确，于是就把钟摆的摆长缩短约2.88毫米，使摆钟走时恢复正常，他也没有再把这件事情放在心上。

过了不久，天象观测任务完成，里歇返回巴黎。这时他发现他的摆钟走得快起来了，而且为了校正时间，钟摆又不得不伸长到原来的长度。里歇很疑惑，摆钟在北纬49度左右的巴黎和在北纬5度的卡宴走时的快慢是不一样的；同一台摆钟，在巴黎要比在开恩每天走快两分多钟。里歇公布了自己的发现。这个发现后来又为其他旅行者所证实。

摆钟的快与慢

1687年，英国大科学家牛顿，应用他刚刚发现的万有引力定律，对上述摆钟快慢之谜做出了回答。牛顿认为，如果地球是静止不动的，那么由于万有引力的作用，地球上的所有物质都会向地球的中心靠拢，结果就使地球成为一个大圆球。

但是，由于地球在不停地绕着一根穿过南北极的轴自转，自转时产生与轴相垂直的离心力。越靠近两极的地方离轴越近，转速越慢，离心力也越小；南北两极的离心力，等于零。相反，越靠近赤道的地方离轴越远，转速越快，离心力也越大。结果，地球上的物质，就有从离心力小的地方向离心力大的赤道部分慢慢移动的趋势，正像我们用手转动伞柄，雨伞会慢慢地张开来一样。地球的形状于是发生了变化，即由原来的圆球形逐渐变成为在赤道部分向外突出而在南北两极趋于扁平的扁球形。

牛顿认为，既然地球是个扁球，赤道半径比两极半径大，也就是赤道附近的地面离地球中心比两极地区离地心远，那么根据万有引力定律（两物体之间引力的大小，与它们之间距离的平方成反比）和单摆定律（单摆振动周期的长短，与重力加速度的平方根成反比），越靠近赤道的地方，地心对地面物体的引力越小，也就是物体所受到的重力加速度越小，于是放在离赤道相当近的卡宴的摆钟，自然就要比放在离赤道比较远的巴黎的一只同样的摆钟走得慢了。

有些人反对牛顿的理论。特别在法国，不少人不承认万有引力定律是真理，他们当然也就不赞同牛顿提出的关于地球形状的"扁球论"。正相反，他们仅仅根据在 1683 年至 1718 年期间，卡西尼父子对法国境内通过巴黎的子午线（即经线）的南北两处进行的一次未经仔细校核的测量结果。认为地球是个赤道部分往里收缩，两极部分向外突出的"长球"。卡西尼曾用一个夸张的类比说，地球的形状不是像个桔子，而是像个香蕉。另外一些人甚至从古代哲学家那里寻找根据，说什么蛋是一切生物的源起，所以养育人类的地球也应该有鸡蛋、鸟蛋那样的形状。后来发现，由于计算上的错误，这个测量结果是不正确的。

于是两种说法针锋相对，持续争论了将近半个世纪。大家知道，如果地球是一个真正的圆球，那么它的子午线上每一度的弧长，无论何地都应该是相等的。如果靠近两极子午线 1 度弧的长度比靠近赤道的短，那就证明地球是"长球"，反之，就证明它是"扁球"。"长球论"者虽然有测量数据作根据，但一来是这个数据没有经过仔细校核，二来这个数据仅仅是在法国境内的两个地方测量得到的，相距太小，稍有差错，就不能得到正确的结论。

为了判定孰是孰非，1735 年，法国科学院组织了两支测量队，分别出发到两个很远的地方去进行测量，一队到南美赤道附近厄瓜多尔的基多（南纬 2 度），另一队去北欧北极圈附近的拉普兰（北纬 66 度）。这次测量精益求精，前后进行了 8 年，直到 1744 年才有了明确的结果，基多地区子午线 1 度的弧长，明显地比拉普兰地区的短。这就告诉我们，地球确实不是一个浑圆的圆球，也不是"长球"，而是一个赤道部分鼓出、两极方向扁缩的"扁球"。牛顿的"扁球论"取得了胜利。

说地球是个"扁球"，或者说，是个椭球体，那是从非常精确的角度来说的。事实上，地球的扁缩程度非常非常之小，小到通常情况下可以忽略不计。有人把地球形象地说成是一只橙子，那是非常夸张的说法。其实，它比一只橙子更接近于真正的圆球形。

　　过去，由于人类无法离开地球，所以尽管有那么多可靠的证据证明地球是圆的，却没有任何人能亲眼目睹这个圆球形大地的全貌。直到20世纪60年代，人类发射载人飞船，把人送到了遥远的空间轨道上，宇航员才第一次在太空中看到了我们"人类的摇篮"——地球的真相。

■图与文

　　地球是人类的家园。翻开人类的史册，就会发现人类文明的足迹。当人猿相揖别、远古的蛮荒燃起文明之火，我们的祖先便开始了主宰大自然的征伐。斗转星移，岁月嬗变，在生生不已的历史进程中，人类以其凌驾万物的智慧，构筑起巍峨辉煌、无与伦比的文明丰碑。

　　有人可能会问：既然地球是个圆球，那么住在我们地球背面的人不就都是头冲下、脚朝上了吗？倒悬着的人又怎样生活呢？还有地球背面的所有物体，包括海水，会不会从地球上"掉下去"呢？其实，这个问题牛顿已经做了解释。任何物体之间都有相互吸引的力量，地球上的物体之所以有重量，之所以都落向地球而不飞到空中去，就是因为受着地球强力吸引的缘故。庞大的地球把地面上的所有物体，包括我们人和海水在内，牢牢地吸引住，这才使我们能够安安稳稳地在地面上生活。

　　对于生活在地球上的人来说，由于受着地心的吸引而站在地面上，所谓的"上"和"下"都是相对于地心来说的：向着地心即地下的方向是"下"，背着地心即天空的方向是"上"。所以说，地球上任何一个地方的人都是头冲上、脚朝下，也即都是正立的；地球上没有一个倒立着的人，也没有一个人或物会"掉"到空中去。

　　公元前350年的古希腊学者亚里士多德，就曾用地心有吸引力的观点来解释为何人和物会牢牢地依附于地球表面，但那仅仅是一种猜测。真正发现并用数学公式来表示万有引力定律的，则是英国大科学家牛顿。

地球的旋转运动

　　由于受到各种大质量天体的作用，宇宙中没有绝对静止的物体。地球无时不刻在徐徐旋转着。一方面为了保持自身运动的平衡性依靠自转来维系；另一方面围绕太阳在太阳系做公转。地球通过自转和公转，达到在宇宙中的平衡。

　　地球绕地轴的旋转运动，叫做地球的自转。地轴的空间位置基本上是稳定的。它的北端始终指向北极星附近，地球自转的方向是自西向东；从北极上空看，呈逆时针方向旋转。地球自转一周的时间，约为23小时56分4秒，这个时间称为恒星日；然而在地球上，我们感受到的一天是24小时，这是因为我们选取的参照物是太阳。由于地球自转的同时也在公转，这4分钟的差距正是地球自转和公转叠加的结果。天文学上把我们感受到的这1天的24小时称为太阳日。地球自转产生了昼夜更替。昼夜更替使地球表面的温度不至太高或太低，适合人类生存。

　　地球自转的平均角速度为每小时转动15度。在赤道上，自转的线速度是每秒465米。天空中各种天体东升西落的现象都是地球自转的反映。人们最早就是利用地球自转来计量时间的。研究表明，每经过一百年，地球自转速度减慢近2毫秒，它主要是由潮汐摩擦引起的，潮汐摩擦还使月球以每年3～4厘米的速度远离地球。

　　地球公转就是地球按一定轨道围绕太阳转动。像地球的自转具有其独特规律性一样，由于太阳引力场以及自转的作用，而导致地球的公转。地球的公转也有其自身的规律。地球的公转这些规律从地球轨道、地球轨道面、黄赤交角、地球公转的周期和地球公转速度和地球公转的效应等几个方面表现出来。

　　地球在公转过程中，所经过的路线上的每一点，都在同一个平面上，而且构成一个封闭曲线。这种地球在公转过程中所走的封闭曲线，叫做地球轨道。如果我们把地球看成为一个质点的话，那么地球轨道实际上是指地心的公转轨道。

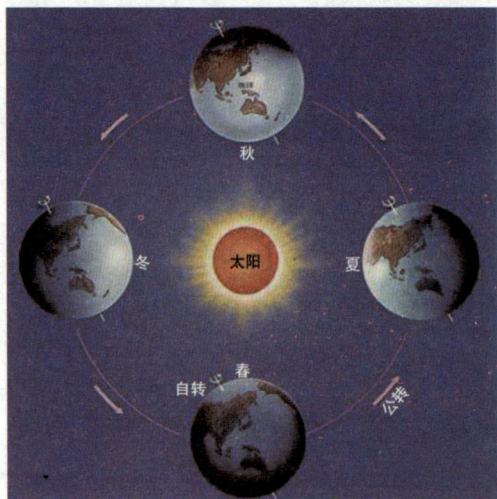

地球公转

严格地说，地球公转的中心位置不是太阳中心，而是地球和太阳的公共质量中心，不仅地球在绕该公共质量中心在转动，而且太阳也在绕该点在转动。但是，太阳是太阳系的中心天体，地球只不过是太阳系中一颗普通的行星。太阳的质量是地球质量的 33 万倍，日地的公共质量中心离太阳中心仅 450 千米。这个距离与约为 70 万千米的太阳半径相比，实在是微不足道的，与日地 1.5 亿千米的距离相比，就更小了。所以把地球公转看成是地球绕太阳（中心）的运动，与实际情况是十分接近的。

由于地球轨道是椭圆形的，随着地球的绕日公转，日地之间的距离就不断变化。地球轨道上距太阳最近的一点，即椭圆轨道的长轴距太阳较近的一端，称为近日点。在近代，地球过近日点的日期大约在每年一月初。此时地球距太阳约为 147 100 000 千米，通常称为近日距。地球轨道上距太阳最远的一点，即椭圆轨道的长轴距太阳较远的一端，称为远日点。在近代，地球过远日点的日期大约在每年的 7 月初。此时地球距太阳约为 152 100 000 千米，通常称为远日距。近日距和远日距二者的平均值为 149 600 000 千米，这就是日地平均距离，即 1 个天文单位。地球公转的方向也是自西向东，运动的轨道长度是 9.4 亿千米，公转一周所需的时间为一年，约 365.25 天。地球公转的平均角速度约为每日 1 度，平均线速度每秒钟约为 30 千米。在近日点时公转速度较快，在远日点时较慢。

地球自转的平面叫赤道平面，地球公转轨道所在的平面叫黄道平面。两个面的交角称为黄赤交角，地轴垂直于赤道平面，与黄道平面交角为66°34′，或者说赤道平面与黄道平面间的黄赤交角为23°26′，由此可见地球是倾斜着身子围绕太阳公转的。

地球的内部结构

1910年，前南斯拉夫地震学家莫霍洛维奇契意外地发现，地震波在传到地下50千米处有折射现象发生。他认为，这个发生折射的地带，就是地壳和地壳下面不同物质的分界面。1914年，德国地震学家古登堡发现，在地下2 900千米深处，存在着另一个不同物质的分界面。后来，人们为了纪念他们，就将两个面分别命名为"莫霍面"和"古登堡面"，并根据这两个面把地球分为地壳、地幔和地核三个圈层。地球内部由内到外的顺序是地核、地幔、地壳。

地球内部结构是指地球内部的分层结构。根据地震波在地下不同深度传播速度的变化，一般将地球内部分为三个同心球层：地核、地幔和地壳。中心层是地核；中间是地幔；外层是地壳。地壳与地幔之间由莫霍面界开，地幔与地核之间由古登堡面界开。地震一般发生在地壳之中。地壳内部在不停地变化，由此而产生力的作用，使地壳岩层变形、断裂、错动，于是便发生地震。超级地震指的是指震波极其强烈的大地震。但其发生占总地震7%~21%，破坏程度是原子弹的数倍，所以超级地震影响十分广泛，也是十分具有破坏力的。

地震是地球内部介质局部发生急剧的破裂，产生的震波，从而在一定范围内引起地面振动的现象。地震就是地球表层的快速振动，在古代又称为地动。它就像刮风、下雨、闪电一样，是地球上经常发生的一种自然现象。

大地振动是地震最直观、最普遍的表现。在海底或滨海地区发生的强烈地震，能引起巨大的波浪，称为海啸。地震是极其频繁的，全球每年发生地震约 500 万次。今天的探测器可以遨游太阳系外层空间，但对人类脚下的地球内部却鞭长莫及。目前世界上最深的钻孔也不过 12 千米，连地壳都没有穿透。科学家只能通过研究地震波、地磁波和火山爆发来提示地球内部的秘密。

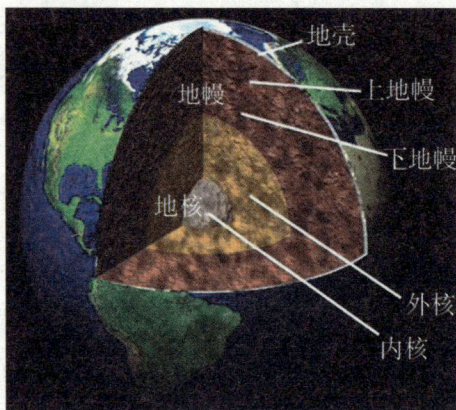

地球内部的分层结构

地壳是地球的表面层，也是人类生存和从事各种生产活动的场所。地壳实际上是由多组断裂的大小不等的块体组成的，它的外部呈现出高低起伏的形态，因而地壳的厚度并不均匀：大陆下的地壳平均厚度约 35 千米，我国青藏高原的地壳厚度达 65 千米以上；海洋下的地壳厚度仅约 5 ~ 10 千米；整个地壳的平均厚度约 17 千米，这与地球平均半径 6 371 千米相比，仅是薄薄的一层。地壳上层为花岗岩层，主要由硅－铝氧化物构成；下层为玄武岩层，主要由硅－镁氧化物构成。理论上认为过地壳内的温度和压力随深度增加，每深入 100 米温度升高 1℃。近年的钻探结果表明，在深达 3 千米以上时，每深入 100 米温度升高 2.5℃，到 11 千米深处温度已达 200℃。

目前所知地壳岩石的年龄绝大多数小于 20 多亿年，即使是最古老的石头——丹麦格陵兰的岩石也只有 39 亿年；而天文学家考证地球大约已有 46 亿年的历史，这说明地球壳层的岩石并非地球的原始壳层，是以后由地球内部的物质通过火山活动和造山活动构成的。地壳是地球表面以下、莫霍面以上的固体外壳，地震波在其中传播速度比较均匀。地球厚度变化有规律，其规律是，地球大范围固体表面的海拔越高，地壳越厚；海拔越低，地壳越薄。地壳由 90 多种元素组成，它们多以化合物的形态存在。氧、硅、铝、铁、钙、钠、钾、镁 8 种元素的质量占地壳总质量的 98.04%。其中氧几乎占 1/2，硅占 1/4。硅酸盐类矿物在地壳中分布最广。

地壳下面是地球的中间层，叫做"地幔"，厚度约 2 865 千米，主要由致密的造岩物质构成，这是地球内部体积最大、质量最大的一层。地幔又可分成上地幔和下地幔两层。一般认为上地幔顶部存在一个软流层，推测是由于放射元素大量集中，蜕变放热，将岩石熔融后造成的，可能是岩浆的发源地。软流层以上的地幔部分和地壳共同组成了岩石圈。下地幔温度、压力和密度均增大，物质呈可塑性固态。地幔上层物质具有固态特征，主要由铁、镁的硅酸盐类矿物组成，由上而下，铁、镁的含量逐渐增加。

地幔下面是地核，地核的平均厚度约 3 400 千米。地核还可分为外地核、过渡层和内地核三层，外地核厚度约 2 080 千米，物质大致成液态，可流动；过渡层的厚度约 140 千米；内地核是一个半径为 1 250 千米的球心，物质大概是固态的，主要由铁、镍等金属元素构成。地核的温度和压力都很高，估计温度在 5 000℃以上。

横波不能在外核中传播，表明了外核的物质在高温和高压环境下呈液态或熔融状态。它们相对于地壳的"流动"，可能是地球磁场产生的主要原因。一般认为地球内核呈固态。

地球周长有多长

人类对地球的形状和运动情况了解后，就想知道它究竟有多大？许多人都在想，该怎样去丈量地球呢？可是地球太大了，上面还有大面积的海洋和大山。而当时古人又没有交通工具，该从哪儿下手去丈量呢？

公元前 3 世纪后半叶，经过长时间的思考，古希腊学者厄拉托塞想出了一个"丈量"地球的妙法。他想，既然大地是一个球体，那么在同一时

■图与文

通过日照测地球半径：厄拉托塞属于十分智慧的人。他大约生于公元前275年，受过良好的教育，做过皇家教师，当过亚历山大图书馆馆长。他是地理学家、天文学家，又是数学家，在诸多方面都做出了贡献。他利用日照测得了地球的半径。无独有偶，我国古代数学《周髀》，就记有陈子测量太阳距离地面的方法。他用一根八尺长的杆子，垂直地立在周城的地上，就和影子构成一个直角三角形。以杆为股，以影为勾。从而计算出太阳与地球的距离。陈子是公元前六七世纪的人，这比厄拉托斯要早好几百年。遗憾的是，当时陈子不知道地球是圆的。

间里，太阳光照射到地球上不同部位的角度必然不同，物体在阳光下留下的阴影长短也不一样。根据阴影的长短再加其他数据，就可算出地球的周长。

厄拉托塞选择古埃及的赛伊尼（今阿斯旺附近）的一口深井作为一个观测点，以亚历山大图书馆外的方尖塔为另一个观测点。结果发现，在6月22日夏至的那天正午，太阳正照在赛伊尼的天顶，阳光垂直地射向井底，直立的长竿在地面上不留下阴影；而在赛伊尼正北方向的亚历山大城，阳光却照不到井底，从方尖塔留下的阴影长度可以算出阳光的斜射角是7.2度，相当于整个圆周360度的1/50。这说明，从赛伊尼到亚历山大城的距离是整个地球圆周长度的1/50。测量这两个地方之间的距离是很容易的事，实测结果为5 000斯台地亚（古埃及的一种长度单位）。合796.32千米，于是埃拉托色尼算出地球的圆周长度是25万斯台地亚，相当于39 816千米。

这位古希腊学者测定的地球大小准确吗？回答是非常准确。现在我们测得的地球周长是40 030千米，也就是说，厄拉托塞的这次测量只有千分之五的误差。近2400年前，使用最原始的测量工具，却测得了如此准确的地球周长。这个结果，真是了不起！

但是，正如"地圆说"提出后长时间没有得到承认一样，厄拉托塞关于地球周长的测定，结果也在以后的 1 000 多年里未被人们所接受。包括当时一些最有名望的学者在内，很多人都认为地球近 4 万千米的周长太长了，于是宁可相信一个没有多少根据的较小数字——地球周长约 29 000 千米。

这个错误数据造成的后果之一，是使航海家哥伦布以为，由欧洲乘船向西航行到东方（今印度、中国及东南亚诸岛）只有不到 5 000 千米的路程，比从欧洲向东航行到东方要近得多，以致后来他率领船队横渡大西洋来到美洲，发现了新大陆，直到 1506 年去世，他还坚持认为他已经到了"东印度"群岛！后来的

地球的半径 4 万千米

麦哲伦也犯了同样的错误。尽管当时已经知道美洲与亚洲之间隔着"大南海"，但他在制定环球航行计划时仍把地球周长少算了 3 000 千米，对"大南海"的宽度估计过小，船上的淡水、食物准备不足，结果在横渡太平洋时，大批船员因干渴、饥饿、疾病而丧生。当然，同埃拉托色尼的时代相比，我们现在对地球形状和大小的测量是更加精确了，而且越来越精确。经过用多种现代技术方法测量，地球的赤道（长）半径为 6 378 千米，极（短）半径为 6 357 千米，长短半径相差 21 千米多一点儿。

所以从整体上来说，地球仍不失为一个很圆的圆球。随着科学技术的进步，对地球测量得越多越细，越发现地球的形状复杂。特别是近二三十年来，有了人造地球卫星等用于作全球大地联测的有力手段，有了雷达、激光等崭新测量技术，还有电子计算机等先进的数据处理工具，对地球测量的精度越来越高了，人们对地球形状和大小的认识也越来越深入了。

现在，科学家已经认识到地球的真实形状非常复杂，跟一个规整的椭球体（扁球体）还有微小的差别。略去地球表面小的起伏，科学家们给地

■图与文

飞船上看地球：地球由于独一无二地存在着大量的空气和水面而呈现出蓝色，看起来相当漂亮。在 1968 年美国"阿波罗"8 号登月飞船上的 3 名宇航员曾这样说，他们在绕着月球飞行的轨道上眺望宇宙，所见到的唯一有颜色的天体，就是我们亲爱的地球。在它上面有深蓝色的海洋，黄色和棕色的大地，还有美丽的白云。遥远的地球是漂浮在广阔宇宙空间中的最美丽的绿洲。现在，通过电视录像，任何生活在地球上的人，都已可能见到圆球形的地球在宇宙空间中的真实形象。

球的形状起了一个专门的名称：地球体。可以说，世界上找不出第二个形状类似地球体的球体。地球体不是这儿凸出一点，就是那儿凹进一些，举例说，它的北极就略向外凸出，而南极则略向里凹进。地球体这个概念，在大地测量和地球物理研究中都有很重要的意义。

第二章
地球上的海洋

地球表面被陆地分隔为彼此相通的广大水域称为海洋。海洋占地球表面面积的 71%，总面积约 3.6 亿平方千米，体积为 13.7 亿立方千米，平均水深 3 800 米，最大水深 11 034 米。海洋包括海水水体、生活在其中的海洋生物、临近海面上空的大气、围绕海洋周边的海岸和海底等部分。约占地球上总水量的 97%。海洋的中心部分为洋，边缘部分称海。四个主要的大洋为太平洋、大西洋和印度洋、北冰洋。

海洋是如何形成的

现在研究证明，大约在46亿年前，位于地表的一层地壳，在冷却凝结过程中，不断地受到地球内部剧烈运动的冲击和挤压，因而变得褶皱不平，有时还会被挤破，形成地震与火山爆发，喷出岩浆与热气。开始，这种情况发生频繁，后来渐渐变少，慢慢稳定下来。这种轻重物质分化，产生大动荡、大改组的过程，大概是在40亿年前完成了。地壳经过冷却定形之后，地球就像个久放而风干了的苹果，表面皱纹密布，凹凸不平。高山、平原、河床、海盆，各种地形一应俱全了。

随着地壳逐渐冷却，大气的温度也慢慢地降低，水气以尘埃与火山灰为凝结核，变成水滴，越积越多。由于冷却不均，空气对流剧烈，形成雷电狂风，暴雨浊流，雨越下越大，一直下了很久很久。滔滔的洪水，通过千川万壑，汇集成巨大的水体，这就是原始的海洋。原始的海洋，海水不是咸的，而是带酸性、又是缺氧的。水分不断蒸发，这样反复地行云致雨，重又落回地面，把陆地和海底岩石中的盐分溶解，不断地汇集于海水中。经过亿万年的积累融合，才变成了大体匀的咸水。同时，由于大气中当时没有氧气，也没有臭氧层，紫外线可以直达地面，靠海水的保护，生物首先在海洋里诞生。大约在38亿年前，即在海洋里产生了有机物，先有低等的单细胞生物。在6亿年前的古生代，有了海藻类，在阳光下进行光合作用，产生了氧气，慢慢积累的结果，形成了臭氧层。此时，生物才开始登上陆地。总之，经过水量和盐分的逐渐增加，及地质历史上的沧桑巨变，原始海洋逐渐演变成今天的海洋。

大约在2亿年前，地质学上叫做侏罗纪的时代，也就是陆地上恐龙这类身躯庞大的爬行动物盛行的时代，泛大陆分裂开来，北半球的那一块陆地叫北方古陆，南半球的叫南方古陆。南北两块大陆分裂开来，中间出现一个古地中海，名叫特提斯海。它的位置就是现在的地中海和欧洲南部的山系、中东的山地，以及黑海、里海、高加索山脉，一直到中国的喜马拉雅山系等，是一片东西向的海洋，与泛大洋相通。当时还没有

最初的泛大陆：当时，地球上只有一个大洋，称为泛大洋，它的面积是现在太平洋的两倍。当时陆地都连在一起，地球上只有一块大陆，叫它为泛大陆。这块泛大陆从北极延伸至南极，是南北向分布的。

大西洋、印度洋，北美洲与欧洲之间是一条很窄的封闭的内海，当时气候炎热，海水很浅，沉淀了一些盐类、石膏等蒸发岩。

到了1.3亿年前，北大西洋从一个很窄的内海开裂扩大，它的东部与古地中海相通，西部与古太平洋相通，那时，南美洲与北美洲是分开的。随后南方古陆开始分裂，南美洲与非洲分开，两块大陆开裂漂移形成海洋，但与北大西洋并未贯通，海水从南面进出，是非洲与南美洲之间的一个大海盆。南方古陆的东半部也开始破碎分开，使非洲同澳大利亚、印度、南极洲分开，这两者之间出现了最原始的印度洋。

大西洋不断在开裂、扩大并加深，到9000万年前，大西洋南北贯通了，开始是表层海水可以南北交流，底部仍有一片高地阻隔，北部大西洋同地中海相通，南部地中海与太平洋相通，一直到7000万年前，南北才完全贯通。大西洋已扩张到几千千米宽，洋底的深度也达到5 000米，大西洋形成了。

大西洋与北冰洋的贯通，是5000万年前的事。这段时间里，印度与澳大利亚南极大陆分开，从而产生了爪哇海盆，印度向北漂移，在6500万年前，开始是快速的，每年移动10厘米，长驱北上一直漂移了8 000千米的距离，向亚洲大陆撞去。印度北移，非洲大陆向北，古地中海先后消失，残留的海盆形成现在的地中海、黑海、里海，古地中海大部分被挤压升高为一系列的山脉，成为地球上最复杂高大的山脉带。

1620 年，英国学者培根就已经发现，在地球仪上，南美洲东岸同非洲西岸可以很完美地衔接在一起。到了 1912 年，德国科学家魏格纳根据大洋岸弯曲形状的某些相似性，提出了大陆漂移的假说。经过数十年后，大量的研究表明，大陆的确是漂移的。人们根据地质、古地磁、古气候及古生物地理等方面的研究，重塑了古代时期大陆与大洋的分布。大约在 2.4 亿年前，地球上的大陆是汇聚在一起的，这个大陆由北极附近延至南极。地质学上叫泛大陆。在泛大陆周围则是统一的泛大洋。此后，又经过了漫长的岁月，泛大陆开始解体，北部的劳亚古陆和南部的冈瓦纳古陆开始分裂。大陆中间出现了特提斯洋（1.8 亿年前）。此后，大陆继续分裂，印度洋陆块脱离澳大利亚—南极陆块，南美陆块与非洲陆块分裂；此时的印度洋、大西洋扩张开始。到了 6 千万年前，已经出现现代大陆和大洋的格局雏形。以后，澳大利亚裂离南极北上，阿拉伯板块与非洲板块分离，红海、亚丁湾张开，形成现代大洋和大陆的分布格局。

世界大洋的划分

洋，是海洋的中心部分，是海洋的主体。世界大洋的总面积，约占海洋面积的 89%。大洋的水深，一般在 3 000 米以上，最深处可达 1 万多米。大洋离陆地遥远，不受陆地的影响。它的水温和盐度的变化不大。每个大洋都有自己独特的洋流和潮汐系统。大洋的水色蔚蓝，透明度很大，水中的杂质很少。世界共有四个大洋，即太平洋、印度洋、大西洋、北冰洋。

其一，太平洋。太平洋是世界第一大洋，位于亚洲、大洋洲、南极洲、拉丁美洲和北美洲大陆之间，南北长约 1.59 万千米，东西最宽处 1.99 万千米。太平洋的面积约 1.8 亿千米^2，占地球表面总面积的 35.2%，比陆地总面积还大，占世界海洋总面积的一半平均深度超过 4 000 米，最深的马里亚纳海沟深达 11 034 米。太平洋是世界上岛屿最多的大洋，海岛面积有

440 多万千米², 约占世界岛屿总面积的 45%。横亘在太平洋和印度洋之间的马来群岛, 东西延展约 4 500 千米; 纵列于亚洲大陆东部边缘海与太平洋之间的阿留申群岛、千岛群岛、日本群岛、琉球群岛、台湾岛和菲律宾群岛, 南北伸展约 9 500 千米, 把太平洋西部的浅水区分割成数十个边缘海。太平洋底总计有 28 条大海沟, 呈圆环形分布在四周浅海和深水洋盆的交界处, 是火山和地震活动频繁的地域。太平洋海域的活火山多达 360 多座, 占世界活火山总数的 85%; 地震次数占全球地震总数的 80%。太平洋是世界上珊瑚礁最多、分布最广的海洋,

图与文

世界大洋分为四个部分, 即太平洋、印度洋、大西洋、北冰洋。

在北纬 30C 到南回归线之间的浅海海域随处可见。

　　太平洋的气温随纬度增高而递减, 南、北太平洋最冷月的气温, 从回归线到极地为 20℃~16℃, 中太平洋常年保持在 25℃左右。西太平洋多台风, 以发源于菲律宾以东、加罗林群岛附近洋面上的最为剧烈。每年台风发生次数为 23~37 次, 最小半径 80 千米, 最大风力超过 12 级。太平洋的年平均降水量一般为 1 000~2 000 毫米; 降水最大的海域是在哥伦比亚、智利的南部和阿拉斯加沿海以及加罗林群岛的东南部、马绍尔群岛南部、美拉尼西亚北部诸岛, 可达 3 000~5 000 毫米; 秘鲁南部和智利北部沿海、加拉帕戈斯群岛附近则不足 100 毫米, 是太平洋降水最少的海域。太平洋的雨季, 赤道以北为 7~10 月。北、南纬 40° 以北、以南海域常有海雾, 尤以日本海、鄂霍次克海和白令海为最甚, 每年的雾日约有 70 个。

　　太平洋也是地球上水温最高的大洋, 年平均洋面水温为 19℃; 在北纬 70 度附近水温最高, 超过 28℃; 平均水温高于 20℃的海域占 50% 以上, 有 1/4 海域温度超过 25℃。由于水温、风带和地球自转的影响, 太平洋内部有自己的洋流系统, 这些"大洋中的河流"沿着一定的方向缓缓流动,

对其流经地区的气候和生物具有明显的影响。太平洋中最著名的洋流有千岛寒流、加里福尼亚寒流、秘鲁寒流、中国寒流和黑潮暖流等。

一望无际的海洋

太平洋从 20 世纪起成为世界渔业的中心，其浅海渔场面积约占各大洋浅海渔场总面积的 1/2。太平洋的捕鱼量亦占全世界捕鱼总量的一半，其中以秘鲁、日本和我国的产量为最大，以捕捞鲑、鲱、鳟、鲣、鲭、鳕、沙丁鱼、金枪鱼、鲲、比目鱼、大黄鱼、小黄鱼、带鱼和捕捉海熊、海豹、海獭、海象、鲸为主；捕蟹业在太平洋渔业中也占重要地位。太平洋底矿产资源非常丰富，据探测，深水区洋底锰、镍、钴、铜等四种金属的储藏量，比世界陆地多几十倍乃至千倍以上。在亚洲、拉丁美洲南部的沿海地区，目前发现的石油、天然气和煤等也很丰富。

其二，大西洋。大西洋是世界第二大洋，是被拉丁美洲、北美洲、欧洲、非洲和南极洲包围的大洋。大西洋总面积为 9 337 万千米^2，约为太平洋面积的一半，占海洋总面积的 1/4。平均水深为 3 627 米，波多黎各海沟最深，为 8 742 米。由于大西洋底的海岭都被淹没在水面以下 3 000 多米，所以突出洋面形成岛屿的山脊不多，大多数岛屿集中分布在东部加勒比海西北部海域。

大西洋的气温全年变化不大，赤道地区气温年较差不到 1℃，亚热带纬区约为 5℃，在北纬和南纬 60° 地区为 10℃，只在其西北部和极南部才超过 25℃。大西洋的北部刮东北信风，南部刮东南信风。温带纬区地处寒暖流交接的过渡地带和西风带，风力最大，在北纬 40° ~60° 之间冬季多暴风，南半球的这一纬区则全年都有暴风活动。在北半球的热带纬区，5 ~ 10 月经常出现飓风，由热带海洋中部吹向西印度群岛风力达到最大，然后吹往纽芬兰岛风力逐渐减小。大西洋的降水量，高纬区为 500～1 000 毫米，中纬区大部分为 1 000~1 500 毫米，亚热带和热带纬区从东向西为 100~1 000 毫米以上，赤道地区超过 2 000 毫米。

大西洋洋流南北各成一个环流，北部环流由赤道暖流、墨西哥湾暖流和加纳利寒流组成。其中墨西哥湾暖流是北大西洋西部最强盛的暖流，由佛罗里达暖流和安的列斯暖流汇合而成，沿北美洲东海岸自西南向东北流动，在佛罗里达海峡中，其宽度达 60~80 千米，深达 700 米，每昼夜流速达 150 千米，水温 24℃，其延续为北大西洋暖流。南部环流由南赤道暖流、巴西暖流、西风漂流、本格拉寒流组成。在南北两大环流之间为赤道逆流，流向自西而东，流至几内亚湾为几内亚暖流。

大西洋的自然资源丰富，鱼类以鲱、鳕、黑线鳕、沙丁鱼、鲭最多，北海和纽芬兰岛沿海地区是大西洋的主要渔场，以产鳕和鲱著称。其他还有牡蛎、贻贝、螯虾、蟹类和各种藻类等。南极大陆附近还产有鲸和海豹。北海海底蕴藏有丰富的石油和天然气。

大西洋航运发达，主要有欧洲和北美各国之间的北大西洋航线；欧、亚、大洋洲之间的远东航线；欧洲与墨西哥湾和加勒比海各国间的中大西洋航线；欧洲与南美洲大西洋沿岸各国间的南大西洋航线；由西欧沿非洲大西洋沿岸到南非开普敦的航线。

其三，印度洋。印度洋为世界第三大洋，位于亚洲、非洲、大洋洲和南极洲之间。印度洋北临亚洲，东濒大洋洲，西南以通过南非厄加勒斯角的经线与大西洋分界，东南以通过塔斯马尼亚岛至南极大陆的经线与太平洋相邻，面积为 7 491 万千米²，平均水深 3 897 米。

印度洋的水域大部分位于热带地区，赤道和南回归线穿过其北部和中部海区，夏季气温普遍较高，冬季只在南纬 50° 以南气温才降至零下，水面温度平均在 20~26℃之间。在印度洋热带的沿海地区，多珊瑚礁和珊瑚岛。印度洋的海水盐度为世界最高，其中红海含盐量达到 41‰ 左右，苏伊士湾甚至高达 43‰；阿拉伯海的盐度也达 36‰；孟加拉湾的盐度低些，为 30‰~34‰。印度洋北部是全球季风最强烈的地区之一，在南半球西风带中的南纬 40~60 度之间和阿拉伯海的西部常有暴风，在热带纬区有飓风。印度洋降水最丰富的地带是赤道纬区、阿拉伯海与孟加拉湾的东部沿海地区，年平均降水量在 2 000~3 000 毫米以上；阿拉伯海西岸地区降水最少，仅有 100 毫米左右；南部的大部分地区，年平均降水量在 1 000 毫米左右。印度洋因受亚洲南部季风的影响，其赤道以北洋流的流向，随着季风方向的改变而改变，称为"季风洋流"。在冬季刮东北风时，洋流呈逆时针方向往西流动；在夏季刮西南风时，洋流呈顺时针方向往东流动。

印度洋的动物和植物资源与太平洋西部相似。海水的上层浮游生物特别丰富，盛产飞鱼、金鲭、金枪鱼、马鲛鱼、鲨鱼、鲸、海豹、企鹅等。在棘皮动物中，多海胆、海参、蛇尾、海百合等。海生哺乳动物儒艮是印度洋的特产。植物多藻类，东部海岸至印度河口和西部的非洲沿海多种类繁多的红树林。

其四，北冰洋。北冰洋是世界上最小的大洋，位于北极圈内，被亚洲、欧洲、北美洲所环抱，面积只有 1 310 万平方千米，平均水深 1 200 米。在亚洲和北美洲之间有白令海峡通往太平洋。

北冰洋的寒季由 11 月至次年的 4 月，长达 6 个月，最冷月（1 月）的平均气温为零下 20℃~40℃。7、8 两月是暖季，平均气温也多在 8℃以下。北冰洋的年平均降水量仅 75~200 毫米，格陵兰海可达 500 毫米左右。暖季北冰洋的北欧海区多海雾，有些地区每天都有雾，有时持续数昼夜。由于寒季格陵兰、亚洲北部和北美地区上空经常出现高气压，使北冰洋海域常有猛烈的暴风。

北冰洋的洋流系统是由北大西洋暖流的分支挪威暖流、斯匹次卑尔根暖流和北角暖流、东格陵兰寒流等组成。北

北极上空有光彩夺目的极光

冰洋水文的最大特点，是有常年不化的冰盖，北冰洋也就成为世界上最寒冷的海洋，差不多有 2/3 的海域，常年被 2—4 米的厚冰覆盖着，其北极点附近冰层厚达 30 多米。在大西洋暖流的影响下，北冰洋内还是有几个几乎全年不冻的内海和港口，如巴伦支海南岸的摩尔曼斯克。北冰洋中的岛屿很多，数量仅次于太平洋，总面积有 400 多万平方千米，主要有格陵兰岛、斯匹次卑尔根群岛、维多利亚岛等。在北极点附近每年都有半年左右（10月至次年 3 月）的无昼黑夜，此间北极上空有光彩夺目的极光出现，一般呈带状、弧状、幕状或放射状。

北极地区矿产资源丰富，有煤、石油、磷酸盐、泥炭、金、有色金属等。海洋中产白熊、海象、海豹、鲸、鲱、鳕等，巴伦支海和挪威海是世界上最大的渔场之一。北冰洋海域由于冰的阻隔，航运不发达。

洋流的分布与成因

海洋里的水总是依照有规律的明确形式流动，循环不息，称为洋流。各大洋洋流的分布和流动的方向虽然很复杂，但还是有规律可循的。洋流对大陆沿岸气候有很大影响，寒流经过的地区对气候有降温、减湿的影响；而暖流则对沿途气候有增温、增湿的作用。

在赤道至南北纬 40° 或 60° 之间，形成一低纬度环流，其流向在北半球呈顺时针方向，南半球成逆时针方向。每个环流的西部都是暖流，东部都属于寒流。在北纬 40° 或 60° 以北形成一高纬环流。其环流方向为逆时针方向，环流西部为寒流，东部为暖流。赤道以北的北印度洋，因位于北回归线以南属季风洋流。冬季吹东北季风，表层海水向西流，洋流呈反时针方向流动；夏季吹西南季风，表层海水向东流，洋流呈顺时针方向流动。东西方向流动的洋流，除南半球的西风漂流外，都具暖流性质。

盛行风是使海流运动不息的主要力量。海水密度不同，也是海流成因之一。冷水的密度比暖水高，因此冷水下沉，暖水上升。基于同样原理，两极附近的冷水也下沉，在海面以下向赤道流去。抵达赤道时，这股水流便上升，代替随着表面海流流向两极的暖水。

岛屿与大陆的海岸，对海流也有影响，不是使海流转向，就是把海流分成支流。不过一般来说，主要的海流都是沿着各个海洋盆地四周环流的。由于地球自转影响，北半球的海流以顺时针方向流动，南半球的流动方向则相反。

按照洋流形成原因，可以分为三类。

第一类是风海流。大气运动和近地面风带，是海洋水体运动的主要动力。盛行风吹拂海面，推动海洋水随风漂流，并使上层海水带动下层海水，形成规模很大的洋流，叫做风海流。

第二类是密度流。由于各海域海水的温度、盐度不同，引起海水密度的差异，导致海水的流动，叫做密度流。如连接地中海与大西洋之间的直布罗陀海峡，地中海地区是地中海气候，夏季炎热干燥，冬季温和湿润，地中海蒸发量大，地中海海水盐度较高，而大西洋的海水密度大，水面降低，盐度比地中海低，密度较小，水面比地中海高。因此，大西洋水面较高，地中海水面较低，大西洋表层海水会经直布罗陀海峡流入地中海，而地中海底层海水会从海峡底层流入大西洋。

第三类是补偿流。海水的连续性，补偿流失由风力和密度差异所形成的洋流，使海水流出的海区海水减少，由于海水连续性要求，补偿流失，相邻海区的海水便会流来补充，这样形成的洋流叫做补偿流。补偿流的形成与风海流、密度流紧密联系。补偿流主要发生在沿岸地区，在海岸附近，海水受风力作用发生运动，受离岸风或迎岸风的影响。由于受离岸风吹送，表层海水离岸而去，导致邻近海区海水流速来补充海水缺失，下层海水也上升到海面，来补充流去的海水，形成上升流。当表层海水遇到海岸或岛屿阻挡时，海水聚集在水平方向上发生分流，在垂直方向上产生下降流。上升流能把底层的营养盐类物质带到表层，使浮游生物大量生长，为鱼类提供饵料，因此，上升流海区往往形成重要的渔场。

洋流的形成除了受上面这些因素影响外，还受到陆地形状和地转偏向力影响。陆地形状和地转偏向力会迫使洋流在运动过程中，洋流的流动方向发生改变。洋流形成是受多种因素综合作用的结果，这使洋流的分布很复杂，但也是有一定规律的。

全球的大洋环流，对高、低纬度间的热量输送和交换、调节全球的热量分布有重要意义。洋流对流经海区的沿岸气候、海洋生物分布和渔业生产、航海等都有影响。

暖流对流经沿岸地区的气候起增温、增湿的作用，如西欧海洋性气候的形成受北大西洋暖流的影响。寒流对流经沿岸地区的气候起降温、减湿的作用，如沿岸寒流对澳大利亚西海岸、秘鲁太平洋沿岸荒漠环境的形成有一定的作用。如果洋流的异常，就会使全球的大气环流发生异常，从而影响到气候。比如厄尔尼诺现象。

有趣的海底火山

1963 年 11 月，在北大西洋冰岛以南 32 千米处，海面下 130 米的海底火山突然爆发，喷出的火山灰和水汽柱高达数百米，在喷发高潮时，火山灰烟尘被冲到几千米的高空。

经过一天一夜，到第二天，人们突然发现从海里长出一个小岛。人们目测了小岛的大小，高约 40 米，长约 550 米。海面的波浪不能容忍新出现的小岛，拍打冲走了许多堆积在小岛附近的火山灰和多孔的泡沫石，人们担心年轻的小岛会被海浪吞掉。但火山在不停地喷发，熔岩如注般地涌出，小岛不但没有消失，反而在不断地扩大长高，经过 1 年的时间，到 1964 年 11 月底，新生的火山岛已经长到海拔 170 米高。1 700 米长了，这就是苏尔特塞岛。经过海浪和大自然的洗礼，小岛经受了严峻的考验，巍然屹立于万顷波涛的洋面上，而且岛上居然长出了一些小树和青草。

两年之后，1966 年 8 月 19 日，这座火山再度喷发，水汽柱、熔岩沿

苏尔特塞岛

火山口冲出，高达数百米，喷发断断续续，直到 1967 年 5 月 5 日才告一段落。这期间，小岛也趁机发育成长，快时每昼夜竟增加面积 0.4 公顷，火山每小时喷出熔岩约 18 万吨。

海底火山的分布相当广泛，大洋底散布的许多圆锥山都是它们的杰作，火山喷发后留下的山体都是圆锥形状。据统计，全世界共有海底火山 2 万多座，太平洋就拥有一半以上。这些火山中有的已经衰老死亡，有的正处在年轻活跃时期，有的则在休眠，不定什么时候苏醒又"东山再起"。现有的活火山，除少量零散在大洋盆外，绝大部分在岛弧、中央海岭的断裂带上，呈带状分布，统称海底火山带。太平洋周围的地震火山，释放的能量约占全球的 80%。海底火山，死的也好，活的也好，统称为海山。海山的个头有大有小，一二千米高的小海山最多，超过 5 千米高的海山就少得多了，露出海面的海山（海岛）更是屈指可数了。

美国的夏威夷岛就是海底火山的功劳。它拥有面积 1 万多平方千米，上有居民 10 万余众，气候湿润，森林茂密，土地肥沃，盛产甘蔗与咖啡，山青水秀，有良港与机场，是旅游胜地。夏威夷岛上至今还留有 5 个盾状火山，其中冒纳罗亚火山海拔 4 170 米，它的大喷火口直径达 5 000 米，常有红色熔岩流出。1950 年曾经大规模

美丽的岛屿

地喷发过，是世界上著名的活火山。

海底山有圆顶，也有平顶。平顶山的山头好像是被什么力量削去的。以前，人们也不知道海底还有这种平顶的山。第二次世界大战期间，为了适应海战的要求，需要摸清海底的情况，便于军舰潜艇活动。美国科学家普林顿大学教授 H·H·赫斯当时在"约翰逊"号任船长，接受了美国军方的命令，负责调查太平洋洋底的情况。他带领全舰官兵，利用回声测深仪，对太平洋海底进行了普遍的调查，发现了数量众多的海底山，它们或是孤立的山峰，或是山峰群，大多数成队列式排列着。这是由于裂谷缝隙中喷溢而出的火山熔岩形成的。这是人类首次发现海底平顶山。这种奇特的平顶山有高有矮，大都在 200 米以下，有的甚至在 2 000 米水深。凡水深小于 200 米的平顶山，赫斯称它为"海滩"。1946 年，赫斯正式命名位于 200 以深的平顶山为"盖约特"。

赫斯发现海底平顶山之后，当时非常纳闷，他苦苦思索着：山顶为什么会那么平坦？滚圆的山头到哪儿去了？后来，经过科学家门潜心地研究，终于解开了这个谜。原来海底火山喷发之后形成的山体，山头

■ **图与文**

海底火山爆发：海底火山，就是形成于浅海和大洋底部的各种火山。包括死火山和活火山。地球上的火山活动主要集中在板块边界处，而海底火山大多分布于大洋中脊与大洋边缘的岛弧处。

当时的确是完整的，如果海山的山头高出海面很多，任凭海浪怎样拍打冲刷，都无法动摇它，因为海山站稳了脚跟，变成了真正的海岛，夏威夷岛就是一例。倘若海底火山一开始就比较小，处于海面以下很多，海浪的力量达不到，山头也安然无恙。只有那些不高不矮，山头略高于海面的，海浪乘它立足不稳，拼命地进行拍打冲刷，经历年深日久的功夫，就把山头削平了，成了略低于海面、顶部平坦的平顶山。

奇特的海沟

　　打开世界地图，一个奇怪的现象立刻映入眼帘：在太平洋西侧，有一系列的群岛自北而南呈弧状排列着。它们是阿留申群岛、千岛群岛、日本群岛、台湾岛、菲律宾群岛、小笠原群岛、马里亚纳群岛等，人们送它们个雅号，叫作"岛弧"。岛弧像一串串珍珠，整齐地点缀在太平洋与它的边缘海之间；像一队队的哨兵，日夜守卫、警戒在亚洲大陆的周边。

　　无独有偶。与岛弧的这种奇特的排列相呼应的是，在岛弧的大洋一侧，几乎都有海沟伴生。诸如阿留申海沟、千岛海沟、日本海沟、琉球海沟、菲律宾海沟、马里亚纳海沟等等，几乎一一对应，也形成一列弧形海沟。岛弧与海沟像是孪生姊妹，形影相随，不即不离；一岛一沟，显得奇特可贵。其他的大洋也有群岛与海沟伴生的现象，如大西洋的波多黎各群岛与波多黎各海沟等，在地质构造上也大同小异，不过没有太平洋西部这样集中，也不这么突出与典型罢了。如此有趣的安排，不是上帝的旨意，而是大自然的内在力量的体现，是大洋底与相邻陆地相互作用的结果。

马里亚沟海沟保护区

　　海沟是海洋中最深的地方。但它却不在海洋的中心，而偏安于大洋的边缘。世界大洋约有 30 条海沟，其中主要的有 17 条。属于太平洋的就有 14 条，且多集中在西侧，东边只有中美海沟、秘鲁海沟和智利海沟 3 条。大西洋有 2 条（波多黎各海沟和南桑威奇海沟）。印度洋有 1 条，叫爪哇海沟。

海沟的深度一般大于 6 000 米。世界上最深的海沟在太平洋西侧，叫马里亚纳海沟。它的最深点查林杰深渊最大深度为 11 034 米，位于北纬 11° 21′，东经 142° 12′。如果把世界屋脊珠穆朗玛峰移到这里，将被淹没在 2 000 米的水下。海沟的长度不一，从 500 千米到 4 500 千米不等。世界最长的海沟是印度洋的爪哇海沟，长达 4 500 千米。有些人把秘鲁海沟、智利海沟合称为秘鲁—智利海沟，其长度达 5 900 多千米。据调查，这两条海沟虽然靠近，几乎首尾相接，但中间有断开，目前尚未衔接起来。海沟的宽度在 40 千米至 120 千米之间，全球最宽的海沟是太平洋西北部的千岛海沟，其平均宽度约 120 千米，最宽处大大超过这个数，距离相当于北京至天津那么远，听起来也够宽了，但在大洋底的构造里，算是最窄的地形了。

经过科学家们多年的调查得知，海沟是海洋里最深的地方，它的剖面形状，像是一个英文字母"V"字，但两边不对称，靠大洋的一侧比较平缓，靠大陆的一侧比较陡峭。靠大洋的一边是玄武岩质的大洋壳，这里的地磁场成正负相间分布，清楚地记录着地磁场在地质史上的变化；在靠大陆的一边，则是大陆地

■ 图与文

马里亚纳海沟：
马里亚纳海沟位于菲律宾东北、马里亚纳群岛附近的太平洋底、亚洲大陆和澳大利亚之间，北起硫黄列岛、西南至雅浦岛附近。全长 2 550 千米，为弧形，平均宽 70 千米，大部分水深在 8 000 米以上。

最大水深在斐查兹海渊，为 11 034 米，是地球的最深点。这条海沟的形成据估计已有 6000 万年，是太平洋西部洋底一系列海沟的一部分。

壳，玄武岩被厚厚的花岗岩覆盖，没有地磁场条带异常表现。这说明沟底是大陆与大洋两种地壳的结合部，但它们在这里并不和睦相处，而是相互

碰撞；如两个"大力士角力"。因大洋地壳的密度大、位置低，又背负着既厚又重的海水，实在抬不起头来，只好顺势俯冲下去，潜入大陆地壳的下方，同时也拼命地将陆地拱起，使陆壳抬升弯曲成岛。这就是海沟为什么多半与岛弧伴生的原因。岛弧一边得到大洋底壳的推力，就会不断升高，靠陆一侧的沟坡也必然变得陡峭，自然成了现在的面貌了。

海底世界的模样

　　海底是地球表面的一部分。海底并非我们想象的那么平坦，海底世界的模样和我们居住的陆地十分相似：有雄伟的高山，有深邃的海沟与峡谷，还有辽阔的平原。世界大洋的海底像个大水盆，边缘是浅水的大陆架，中间是深海盆地，洋底有高山深谷及深海大平原。位于太平洋的马里亚纳海沟深得让人难以置信，如果把世界最高峰放进去，都不会露出水面分毫。

　　人们通过地震波及重力测量，了解海底地壳的结构。海洋地壳主要是玄武岩层，厚约 5 000 米，而大陆地壳主要是花岗岩层，平均厚度 33 千米。大洋底始终都在更新和不断成长，每年扩张新生的洋底大约有 6 厘米左右。洋中脊，是大洋底隆起的"脊梁骨"，世界大洋中脊总长约 8 万千米，占海洋底面积的 1/3，海底扩张就从这儿起始。

　　根据大量的海深测量资料，人们已清楚知道，海底的基本轮廓是这样的：

图与文

海洋底部：假使我们把海洋底部的轮廓，画成示意剖面图，就有点像水盆的样子。

沿岸陆地，从海岸向外延伸，是坡度不大、比较平坦的海底，这个地带称"大陆架"；再向外是相当陡峭的斜坡，急剧向下直到 3 000 米深，这个斜坡

叫"大陆坡";从大陆坡往下便是广阔的大洋底部了。整个海洋面积中，大陆架和大陆坡占 20% 左右，大洋底占 80% 左右。

大陆架浅海的海底地形起伏一般不大，上面盖着一层厚度不等的泥沙碎石，它们主要是河流从陆地上搬运来的。但是，有的地方，如南北美洲太平洋沿岸、地中海沿岸，山脉紧靠海边，海底地形就比较崎岖陡峭；有的地方，如我国黄海沿岸，大河下游的河口海湾一带，陆地上地势平坦，海底也是起伏不大的宽广的大陆架。

大洋底部位于几千米深处。洋底主要是深水的盆地、深海大平原、规模宏大的海底山脉和海底高原；还有一些孤立的洋底火山、巨大的珊瑚岛礁等等。这些地形与陆地地形不同，是在海洋中形成的。大洋底部表面覆盖着一层厚度不大的海底沉积物，称为深海软泥。

海底为什么有这样的轮廓？大陆架、大陆坡与大洋底为什么有如此巨大的差异性呢？这是由于海底的地壳构造决定的。在整个海底世界，大洋底约占海洋总面积的 80%，宏伟的海底山脉，广漠的海底平原，深邃的海沟，上面均盖着厚度不一、火红或黑的沉积物，把大洋装点的气势磅礴、雄伟壮丽。

由大陆架向外伸展，海底突然下落，形成一个陡峭的斜坡，这个斜坡叫大陆坡。它像一个盆的周壁，又像一条绵长的带子缠绕在大洋底的周围。大陆坡的宽度在各大洋不一样，从十几千米到几百千米，平均宽度约 70 千米，坡度为几度至 20 多度，平均 4°30′。它是地球上最绵长、最壮观的斜坡，全球大陆坡总面积约 2 800 万平方千米，约占海洋总面积的 12%。坡麓横切着许多非常深的大峡谷，称为海底峡谷，规模比陆地上穿过山脉的山涧峡谷要大。

按照地形特点，海底的大陆坡有两种。一种是地形比较简单、坡度比较均一，像北大西洋沿北美、欧洲及北冰洋的边海巴伦支海等地的大陆坡。这类大陆坡上半部是个陡壁，岩石裸露缺乏沉积物，向下大约 2 000 米深处，大陆坡的坡度突然变得非常平缓，深度逐渐增加，成为一个上凹形的山麓地带。顺着大陆坡的斜面上，有一系列互相平行的"海底峡谷"，把大陆坡切开。另一种大陆坡，地形复杂，坡面凹凸不平，主要分布在太平洋。

35

南海的大陆坡就属这一类,坡面上常常呈一系列的台阶,是一些棱角状的顶平壁陡的高地,与一些封闭的平底凹地交替着分布。平顶高地上有着一些粗大的砾石岩屑,而平底凹地里堆积着一些杂乱的沙子、石块和软泥。这类大陆坡上的海底峡谷谷底也呈阶梯状。除了这两类以外,大河河口外围的大陆坡,常常是坡度比较平坦的,整个斜坡盖满从大河带来的泥沙。

海底的世界

大陆坡上的沉积物,主要来自大陆。河流带入海中的泥沙,经过大陆架搬运到大陆坡。另外也有相当一部分是海洋生物残体的软泥。概括地说,整个大陆坡的面积,约有 25% 覆盖着沙子,10% 是裸露的岩石。其余 65% 盖着一种青灰色的有机质软泥。这种软泥常常因受到氧化作用而成栗色,它的堆积速度要比大陆架缓慢得多。在火山活动地带,软泥中杂有火山灰,高纬度地区混有大陆水流带来的石块、粗沙等。在热带河口附近,有一种热带红色风化土构成的红色软泥。

大陆坡上最特殊的地形是深切的大峡谷,称为海底峡谷。它一般是直线形的,谷底坡度比山地河流的谷底坡度要大得多,峡谷两壁是阶梯状的陡壁,横断面呈"V"形。海底峡谷规模的宏大往往超过陆地上河流的大峡谷。我国的长江三峡是世界闻名的大峡谷,峡谷两岸的高差将近 800 米,底部有将近 100 米高陡壁,构成谷底的箱形峡谷,这陡壁是最新地质时期三峡地区地壳抬升、引起长江河道冲刷下切形成的,所以当人们在三峡航行时,首先给人的深刻印象是河道两边直立的陡壁,将长江水流限制在一二百米宽的岩壁之间,这是地壳新构造运动造成的。美国科罗拉多大峡谷也是世界著名的大峡谷,科罗拉多河切穿了中生代的砂岩地层,两岸岩壁高将近 1 000 米,峡谷两壁呈台阶状,一层层变窄到谷底,也有一层由最新构造运动造成的谷底陡壁。目前科罗拉多河就流经在这陡壁峡谷之间。像长江三峡、科罗拉多大峡谷这类宏伟的峡谷，在大陆上还是不多的。而海底峡谷比陆地上的大峡谷要大得多，现已发现有几百条海底峡谷，分布在全球各处的大陆坡上。

大多数海底峡谷在大陆坡上只存在一段，向上到大陆架，向下到大洋底就消失了，与陆地上河流无关。但也有些海底峡谷可以同陆地上河流联系起来。像北美东海岸的哈德逊海底峡谷，它的源头是哈德逊河。河流注入海洋，在大陆架海底有个浅平的水下河谷，深度在海底以下 30 米，但宽度有 7 千米，到大陆架边缘，这水下河谷的深度 (低于海底) 是 40 米，而谷地宽度达到 25 千米，显然水下河谷在大陆架是一条笔直的浅平的低洼地。与这水下河谷相接是大陆坡上的海底峡谷，它从顶部水深 150 米开始沿大陆坡向下一直到 2 400 米深的洋底。而它在海底下切的深度，几乎整条海底峡谷都超过 1 000 米，它的尾端进入 2 000 多米深的洋底后，就逐渐消失。

地球上有特色的海

海分布在各个大洋的边缘区域，附属于各大洋。有些海经狭窄的海峡与大洋相通，有些海以岛链与大洋相隔。海的面积合计约占海洋总面积的 11%。附属于太平洋的海有马来群岛诸海、南海、东海、黄海、日本海、鄂霍次克海、阿拉斯加海、白令海等；附属于大西洋的海则有加勒比海、墨西哥湾、波罗的海、地中海、黑海等；附属于印度洋的海有红海、波斯湾、阿拉伯海、孟加拉湾、安达曼海、萨武海、帝汶海和澳大利亚湾等；附属于北冰洋的海有巴伦支海、挪威海、格陵兰海等。海由于其所处的地理位置和自然条件不同，大小不一，各种各样，差别很大。大者面积超过 400 万千米^2，小者只有 1.1 万千米^2，相差近 400 倍；有的深，有的浅；有的极咸，有的很淡；有的没有明确的海岸边界，有的缺少海洋生物显得死气沉沉。全球海域面积在 200 万千米^2 以上的大海，共有八个，其中超过 300

万千米^{2}的有三个，超过 400 万千米^{2}的只有一个。南海面积为 350 万千米^2，名列世界第三。下面介绍几个很有特色的海。珊瑚海是全球面积最大和最深的海，位于南太平洋，西边是澳大利亚，南与塔斯曼海毗邻，东北部为新赫布里底群岛、所罗门群岛、新几内亚（伊利安群岛）所包围，海城面积 4 971 万千米^2，大部分水深在 3 000~4 000 米，最深处 9 174 米。珊瑚海因地处热带，海水温度全年都在 20℃以上，水温最高超过 28℃。由于其周围几无河水流入，所以水质清澈透明，水下光线充足，人们用肉眼可见20米以下的深度，海水盐度在 27%~38%。这些条件非常适合于珊瑚礁的生长和发育，分布着世界著名的大堡礁。透明碧蓝的海水中，点缀着色彩斑斓的珊瑚礁群，与五光十色的热带生物一起，构成了一个神奇无比亦梦亦幻的海底世界。我们当中的绝大多数人，虽然无缘亲临其境，但从电视的彩色屏幕上还是可以领略那里的风光，大饱一下眼福。

珊瑚海

红海是世界上含盐量最高的海。它横卧在亚洲的阿拉伯半岛和非洲大陆之间，呈西北一东南向延伸，长约 2 000 千米，最宽处 306 千米，面积 45 万千米^2。红海的含盐量高达 41%~42%，在深海底部的个别地区甚至在 270% 以上，已经接近饱和，是世界海洋平均含盐量的 8 倍。红海含盐量特高的原因，与其所处的地理位置、气候条件、无河流淡水流入、以及与大洋之间的水量交换微弱有关。红海地处热带和亚热带，气温高，蒸发强，降水不足 200 毫米，海水长期浓缩。红海两岸皆为干旱荒漠地区，无一条陆上淡水河流入海，掺合稀释海水。红海与印度洋的连结通道比较狭窄，且上有石林岛和下有水底岩岭阻隔，使印度洋较淡的海水进不来，而自身的咸水又出不去。另外，红海底部还存在好几处大面积"热洞"，大量炽热的岩浆沿着地壳的裂隙涌到海底，加热周围的岩石和海水，使深层海水温度高于表层。深层的高温海水泛到海面，更加剧了红海海水的蒸发浓缩过程，使其含盐量愈来愈高。红海由于含盐量特高，繁殖有大量红色海藻，海水呈红棕色，因而得名。

波罗的海是世界上含盐量最低、海水最淡的海。它位于欧洲大陆与斯堪的那维亚半岛之间，由北纬540向东一直延伸到北极圈以内，长1 600千米，平均宽度190千米，面积42万千米²，平均水深86米。波罗的海海水含盐量只有7%—8%，各海湾的含盐量更低，仅2%，完全不经处理就能直接饮用。波罗的海含盐量如此之低的原因，首先因其年龄小，形成时间不长，水质本来就好，含盐量不高；二是它位于高纬地区，气温低，蒸发弱，海水浓缩较慢；三是海域受西风带的影响，天然降水较多，可以淡化海水；四是其四周有为数众多的河流流入，大量淡水源源不断地补充；五是其与大西洋的通道又窄又浅，不利于海和洋间的水分交换，较咸的大西洋水很少进入。波罗的海的海水既浅又淡，在寒冷的冬季极易结冰，特别是东部和北部海域，每年都有较长时间的冰封期，不利于航运。

马尾藻海是世界上唯一没有边缘和海岸的海。马尾藻海既不是大洋的边缘部分，也不与大陆毗连，完全是一个没有明确边界的"洋中之海"，周围都是广阔的洋面。马尾藻海位于大西洋的中部海域，大致位于北纬20°~35°和西经30°~75°，面积很大，有数百万平方千米，是由墨西哥暖流、北赤道暖流和加那利寒流围绕而成。其之所以称之为马尾藻海，是因为它的海面上遍布一种无根的水草——马尾藻，身临其境放眼远望似一片

美丽的大海

无边无际的大草原。在海风和洋流的带动下，漂浮的密集马尾藻又像一幅向远处伸展的巨大橄榄绿地毯。此外，马尾藻海海域是一块终年无风区。在过去靠风力航行的年代，船舶一但误入，十有八九被围困而亡，因而一向被视为恐怖的"魔海"。由于马尾藻海远离江河入海口，完全不受大陆的影响，因此浮游生物极少，海水碧青湛蓝，透明度高达66.5米，个别海域甚至可到72米，也是世界上透明度最大的海。

黑海是世界上显得最毫无生气和死气沉沉的海。它位于欧洲东南部巴尔干半岛和西亚的小亚细亚半岛之间，面积约42万千米2，平均含盐量在22%以下。黑海的四周都是黝黑的崖岸，海水呈青褐色，名字由此而来，倒也确切。黑海基本上是个较为封闭的内海，北部经狭窄的刻赤海峡与亚速海相通，西南部经不宽的博斯普鲁斯海峡、马尔马拉海和达达尼尔海峡，可通往地中海。黑海的含盐量虽然较低，但在某些水深为155~300米的海域里，几乎没有生物生长。经科学家调查和研究，发现这些海域有硫化氢污染，水中缺乏氧气所致。黑海在与地中海的水流交换中，黑海较淡的海水由表层流出，收到的则是从深部流进的又咸又重的盐水，加上黑海内部环流速度较慢，被硫化氢污染的水层常年存在，生物不能存活，只能是基本无生命迹象的"死区"一块。

丰富的海洋资源

海洋是能源、资源的聚宝盆。开发与利用这些资源，对于人类维持自身的生存与发展，拓展生存空间有重要意义。充分利用地球上这块最后的资源丰富的宝地，成为人类切实可行的发展途径。人类经过几十年对海洋的勘探认识，目前，已从海洋的丰富资源中获得了相应的回报。

人类经济、生活的现代化，对石油的需求日益增多。在当代，石油在能源中发挥了第一位的作用。但是，由于比较容易开采的陆地上的一些大油田，有的业已告罄，有的濒于枯竭。为此，近20～30年来，世界上不少国家正在花大力气开发海洋石油。探测结果表明，世界石油资源储量为10 000亿吨，可开采量约3 000亿吨，其中海底储量为1 300亿吨。我国有浅海大陆架近200万平方千米。通过海底油田地质调查，先后发现了渤海、南黄海、东海、珠江口、北部湾、莺歌海以及台湾浅滩等7个大型盆地。其中东海海底蕴藏量之丰富，堪与欧洲的北海油田相媲美。现在全世界已有100多个国家和地区在近海进行油气勘探，50多个国家和地区在150多个海上油气田进行开采；海上原油产量逐日增加。

锰结核是一种海底稀有金属矿源。它是1973年由英国海洋调查船首先在大西洋发现的。但是世界上对锰结核正式有组织的调查，始于1958年。调查表明，锰结核广泛分布于4 000～5 000米的深海底部。它们是未来可利用的最大的金属矿资源。锰结核是一种自生矿物。它每年约以1 000万吨的速率不断地增长着，是一种取之不尽、用之不竭的矿产。世界上各大洋锰结核的总储藏量约为3万亿吨，其中包括锰4 000亿吨，铜88亿吨，镍164亿吨，钴48亿吨，分别

图与文

石油勘探：就是为了寻找和查明油气资源，而利用各种勘探手段了解地下的地质状况，综合评价含油气远景，确定油气聚集的有利地区，找到储油气的圈闭，并探明油气田面积，搞清油气层情况和产出能力的过程，为国家增加原油储备及相关油气产品。

为陆地储藏量的几十倍乃至几千倍。世界洋底约有15%的面积被多金属结核覆盖。根据世界大洋底的地貌特征和构造位置以及多金属结核丰度、成分、地球化学特征，将世界大洋划分为15个多金属结核富集区，其中太平洋8个，大西洋3个，印度洋4个。目前，锰结核勘探调查比较深入，技术比较成熟，正式开采中只是时间问题。

20世纪60年代中期，美国海洋调查船在红海首先发现了深海热液矿藏。

而后，一些国家又陆续在其他大洋中发现了三十多处这种矿藏。热液矿藏又称"重金属泥"，是由海脊（海底山）裂缝中喷出的高温熔岩，经海水冲洗、析出、堆积而成的，并能像植物一样，以每周几厘米的速度飞快地增长。它含有金、铜、锌等几十种稀贵金属，而且金、锌等金属品位非常高，所以又有"海底金银库"之称。饶有趣味的是，重金属泥五彩缤纷，有黑、白、黄、蓝、红等各种颜色。在当今技术条件下，虽然海底热液矿藏还不能立即进行开采，但是，它却是一种具有潜在力的海底资源宝库。一旦能够进行工业性开采，那么，它将同海底石油、深海锰结核和海底砂矿一起，成为 21 世纪海底四大矿种之一。

进入 21 世纪，各种能源的数量逐渐减少。科学家们开始寻找新的能源。而可燃冰是科学家们在海洋里发现的又一种新能源。它位于海洋深处，样子像冰，可燃烧，可用作各种交通工具的能源，具有巨大的潜在价值。目前，中国、美国等国家都制定了相应的计划，准备开采与使用可燃冰。

■图与文

变化中的海洋：在世界海洋中，太平洋是最古老的海洋，是泛大洋演化发展的结果。大西洋、印度洋是年轻的新生的海洋。大西洋形成到现在这样的面貌，只有五六万千年的历史，而印度洋的形成，年龄更小一些。直至今日，随着地球深部的运动，大陆海洋仍处在变化之中。

海洋中虽不能长粮食，却能成为未来的粮仓。我们知道，海洋中的鱼和贝类能够为人类提供滋味鲜美、营养丰富的蛋白食物。蛋白质是构成生物体的最重要的物质，是生命的基础。现在人类消耗的蛋白质中，由海洋提供的不过 5%。以后的高技术海洋饲养将加速发展。有关专家乐观地指出，海洋粮仓的潜力是很大的。目前，产量最高的陆地农作物每公顷的年产量折合成蛋白质计算，只有 0.71 吨。而科学试验同样面积的海水饲养产量最高可达 27.8 吨，具有商业竞争能力的产量也有 16.7 吨。

第三章
地球上的陆地

陆地是指地球表面除去海洋的部分，由大陆、岛屿、半岛和地峡几部分组成。它的平均海拔高度为875米。地球表面陆地总面积为1.49亿平方千米，占地球表面积的29%。面积广大的陆地称大陆，全球有亚欧大陆、非洲大陆、北美洲大陆、南美洲大陆、澳大利亚大陆和南极洲大陆等六大块，总面积为1.39亿平方千米，约占陆地总面积的93%；四周被海水包围的小块陆地称岛屿，总面积约为0.1亿平方千米，约占陆地总面积的7%。陆地大部分分布于北半球，岛屿多分布于大陆的东岸。

陆地表面起伏不平，有山脉、高原、平原、盆地等。陆地是人类的栖息之地及主要的活动场所。人类自起源以来，就以陆地为生存依托，在陆地上生息、繁衍、劳动和生活，因此，陆地是地球上人地关系最密切的人类家园。

大陆板块的漂移

地表的基本轮廓可以明显地分为两大部分，即大陆和大洋盆地。大陆是地球表面上的高地，大洋盆地是相对低洼的区域，它被巨量的海水所充填。现在，绝大部分地球科学家都确认大陆板块的漂移现象，并一致认为地球上海洋与陆地的结构分布和变化与大陆板块漂移有直接关系。

由于地球岩石圈板块的相对运动，导致了大陆板块漂移，并形成了今天地球上的海洋和陆地的分布。地球岩石圈可分为大洋岩石圈和大陆岩石圈，总体上，前者的厚度是后者的一半，其中大洋岩石圈厚度很不均匀，最厚处可达 80 千米。大部分大型的地球板块由大陆岩石圈和大洋岩石圈组成，但面积巨大的太平洋板块由单一的大洋岩石圈构成。地球上陆地面积约占整个地球面积的 30%，其中约 70% 的陆地分布在北半球，并且位于近赤道和北半球中纬度地区，这很可能与地球自转引起的大陆岩块的离极运动有关。

在全球范围内，分布在大陆附近的大陆壳岛屿几乎全部位于大陆的东海岸一侧，个别一些大陆东部边缘，则被一连串的大陆壳岛屿构成的花彩状岛群所环绕，形成了显著的向东凸出的岛弧。这种全球大陆壳岛屿的分布特征，可以用岩石圈板块的普遍向西运动和边缘海底的扩张理论来加以解释。长期以来，人们就注意到地表上的某些大陆构造能够拼合在一起，这就好像是一个拼板玩具，特别是非洲的西海岸与南美洲的东海岸之间的吻合性最为明显。这种现象可以用大陆岩石圈的直接破裂和大陆岩块体的长期漂移得到解释。

1966 年，海洋科学家汇集了当时所有的有关海洋深度的探测资料，再度进行了世界海洋深度的统计，得到全球陆地在海平面以上的平均高程为 875 米，大洋的平均深度为 3.729 千米。大陆和大洋之间存在为海水所淹没的数十千米宽的边缘地带，这个地带包括大陆架和大陆坡，两者共占地球表面积的 10.9%。大陆地壳和大洋地壳的差异非常明显，大陆地壳的化学成份主要是花岗岩，而大洋盆地下的岩石主要是由玄武岩或辉长岩构成。因此，整个地壳又可以分为大陆硅铝壳和大洋硅镁壳两大类型。

有关大陆的起源问题，地质和地球物理学家杜托特于 1937 年在他的《我们漂移的大陆》一书中提出了地球上曾存在两个原始大陆的模式，被称为劳亚古陆和冈瓦纳古陆。杜托特认为，两个原始大陆原来是在靠近地球两极处形成的，其中劳亚古陆在北，冈瓦纳古陆在南，在它们形成以后，便逐渐发生破裂，并漂移到今天大陆块体的位置。

早在 19 世纪末，地质家学休斯已认识到地球南半球各大陆的地质构造非常相似，并将其合并成一个古大陆进行研究，并称其为冈瓦纳古陆。冈瓦纳古陆包括现今的南美洲、非洲、马达加斯加岛、阿拉伯半岛、印度半岛、斯里兰卡岛、南极洲、澳大利亚和新西兰。它们均形成于相同的地质年

冈瓦纳古陆

代，岩层中都存在同种的植物化石，被称为冈瓦纳岩石。杜托特用以证明劳亚古陆和冈瓦纳古陆的存在和漂移的主要证据，是来自地质学、古生物学和古气候学方面。根据三十多年中积累起来的资料，有力地证明冈瓦纳古陆的理论基本上是正确的。

劳亚古陆是欧洲、亚洲和北美洲的结合体，这些陆块即使在现在还没有离散得很远。劳亚古陆有着很复杂的形成和演化历史，它主要由几个古老的陆块合并而成，其中包括古北美陆块、古欧洲陆块、古西伯利亚陆块和古中国陆块。在晚古生代（距今约 3 亿年前）这些古陆块逐步靠拢并碰撞，大致在石炭纪早中期至二叠纪（即 2 亿至 2 亿 7 千万年前）才逐步闭合。

古地质、古气候和古生物资料表明，劳亚古陆在石炭～二叠纪时期位于中、低纬度带。在中生代以后（即最近的1—2亿年间）劳亚大陆又逐步破裂解体，从而导致北大西洋扩张形成。研究表明，全球新的造山地带的形成和分布，都是劳亚古陆和冈瓦纳古陆破裂和漂移的构造结果。在这过程中，大陆岩块的不均匀向西运动和离极运动的规律十分明显。总的看来，劳亚古陆曾位于北半球的中高纬度带，冈瓦纳古陆则曾一度位于南半球的南极附近；这两个大陆之间由被称为古地中海的区域所分隔开。

最近2亿年以来的大陆漂移和板块运动，已得到了科学界确切证明和广泛的认可。然而有人推测，板块运动很可能早在30亿年前就已经开始了，而且不同地质时期的板块运动速度是不同的，大陆之间曾屡次碰撞和拼合，以及反复破裂和分离。大陆岩块的多次碰撞形成了褶皱山脉，并连接在一起形成新的大陆，而由大洋底扩张形成新的大洋盆地。

"新大陆"的发现

新大陆是相对旧大陆来说的。在几百年前，欧洲人认识的世界，只包括欧洲、亚洲和非洲，而直到哥伦布发现新大陆（亦有"郑和先于哥伦布发现美洲澳洲大陆等地"的说法），所以又把美洲和澳洲大陆称为所谓的"新大陆"，而把亚洲、欧洲和非洲称为"旧大陆"。

从公元7世纪起，相邻的亚洲和欧洲之间便有交通往来。以后随着社会的发展进步，商业往来和文化交流日益频繁。到11世纪，阿拉伯人垄断了东西方贸易，他们的足迹遍及欧、亚、非3洲，中国的四大发明就是通过他们传播到西方的。到了13世纪，蒙古人建立了一个跨欧、亚两洲的空前庞大的帝国。马可·波罗正是在这个时候来到中国。他回国后写了一本《马可·波罗游记》，以夸张的笔法描写了中国和其他东方国家的繁荣和富庶，激起了欧洲人对东方的向往和冒险远游的热情。

在地球上的几个大洲中，欧洲是比较小的一个，而且资源并不丰富。从前欧洲根本不出产香料、棉花、瓷器以及某些稀有的药材，粮食、丝绸、麻布、金、银、宝石等等也常常不足，于是他们需要通过贸易从境外换取这些商品。地中海沿岸的一些城市如威尼斯、热那亚、马赛、巴塞罗那等，都是靠东方贸易繁荣发展起来的。

到14世纪末，资本主义开始在西欧萌芽，出现了一些中央集权的君主政体国家。随着资本主义生产力的进一步发展，这些国家越来越迫切地求向海外寻找市场和原料产地。可是，由于土耳其帝国建立，他们控制着东方贸易的要道，使地中海地区的商业活动受到严重的暴力威胁。另外，从地中海经由埃及出红海通往印度洋的水路，又完全操纵在阿拉伯人的手里。在这种情况下，欧洲人就特别希望能绕过地中海，开辟一条通往印度和中国的新航路。结果迎来了15到17世纪欧洲人的"地理大发现"时代。

最早致力于航海探险的是葡萄牙人。而说起葡萄牙人的航海探险活动，又不能不提到一位具有传奇色彩的人物——航海者亨利。亨利是葡萄牙国王若昂一世的第三个儿子，又称亨利王子或亨利亲王。1415年他随父远征，攻占了直布罗陀海峡南岸的塞卜泰（休达），从此葡萄牙在非洲就有了前进

航海探险

的据点。这位亲王的最大特点是醉心于航海事业。他在葡萄牙西南角的萨格列斯城建立了天文台，兴建了船坞，办起了航海学校，把当时最著名的地理学家和最有经验的航海家罗致门下。他同这些人一道建造船舶，培养人才，绘制海图，制订航海考察和向东向南拓展以及寻找通往东方航路的计划。

于是，一支又一支的葡萄牙船队被派遣出去。1418年至1419年，船

队发现了马德拉群岛，13 年之后又发现了亚速尔群岛。这些岛屿使葡萄牙人在茫茫的大西洋中有了船只中途停靠的基地。

之后，探险船队开始沿着非洲的西海岸不断向南挺进。起先收获不大，因为途经的是非洲撒哈拉沙漠西部，这里荒凉干旱，人烟稀少，船队继续往南才有了突破。他们每到一个地方就立一块石碑，并给这些地方起个名字：盛产胡椒的地方叫"胡椒海岸"，盛产象牙的地方叫"象牙海岸"，还有"黄金海岸"、"奴隶海岸"等等。当 1460 年亨利亲王去世时，葡萄牙的探险船队已经沿着非洲的西海岸南下到赤道附近的几内亚，先后探查了大约 3 500 千米长的海岸线。后来还沿着塞内加尔河、刚果河、冈比亚河河道深入非洲内陆进行了考察，在冈比亚河的上游发现了西非繁荣的黑人王国。

就这样，葡萄牙船队的航线一直慢慢地向南延伸。到 1487 年 8 月至 1488 年 12 月，由迪亚士率领的两艘不大的船只，终于克服重重困难航行到了非洲的最南端。这里有一个突出在海洋里的海角，绕过这个海角后海岸线就向东延伸，以后又斜向东北，这说明他们确实已经绕过非洲南端进入印度洋了。

一条由欧洲通过亚洲的海上航路终于露出了端倪。迪亚士本想继续西行，但是水手们拒绝冒险，于是只好调头返航。非洲南端海面的海水连成一片，盛行西风，经常是风暴迭起，巨浪排空，所以迪亚士把非洲最南端的这个海角取名为"风暴角"。但是，葡萄牙国王不喜欢这个名字，他认为这个海角的发现给葡萄牙人带来了通过海路到达印度的希望，于是就把"风暴角"改名为"好望角"。

1492 年 8 月，意大利航海家哥伦布受西班牙女王派遣，带着给印度君主和中国皇帝的国书，率领三艘百十来吨的帆船，从西班牙巴罗斯港扬帆出大西洋，直向正西航行。经七十昼夜的艰苦航行，1492 年 10 月凌晨终于发现了陆地。哥伦布以为到达了印度。1493 年 3 月，哥伦布回到西班牙。此后他又三次重复他的向西航行，又登上了美洲的许多海岸。但他一直认为他到达的是印度。后来，一个叫做亚美利加的意大利学者，经过更多的考察，才知道哥伦布到达的这些地方不是印度，而是一个原来不为多数欧洲人知的的大陆。后来以这个学者的名字命名为亚美利加洲。

"新大陆"狭义上对哥伦布和西方人g为说是"新大陆"，对美洲原住民印第安人来说并不是新大陆，他们早在4万年前就已经到达美洲大陆。哥伦布来到之前，这里已经有几千万的居民。但是，哥伦布的发现对世界却产生了

图与文

美洲大陆：哥伦布并不是最早发现美洲大陆的人，据说，哥伦布、麦哲伦、卡布罗、迪亚斯和达伽马等航海家和探险家在远航达到美洲时，用的都是中国人绘的地图。这些地图的精确度极高，误差在23英里左右。郑和历次远航时都详细绘制了所到之处的地图和海图。经过学者孟席斯考证，哥伦布到达美洲之前已有许多中国移民点散布在美洲各地。麦哲伦到达香料岛时，发现中国人用陶器与那里的人交换香料和胡椒。

当时人所料想不到的巨大影响，也成为人类历史发展的重要转折点。

1493年哥伦布发现新大陆的消息震憾了整个欧洲，使葡萄牙人深感不安，他们不甘心邻国西班牙独占海上贸易的利益，于是在迪亚士发现好望角之后10年，1497年夏天，葡萄牙国王决定派遣一支由4艘帆船组成的船队，去开辟一条从葡萄牙出发绕过非洲前往印度的海上航道。船队共有170人，指挥官由30岁的宫廷侍从官达·伽马担任。7月8日，船队从里斯本城外的港口出发，沿着迪亚士开辟的航道前进。他们经过4个多月的航行就绕过好望角，进入印度洋。接着他们一面沿着非洲东海岸航行，一面不断补充给养。第二年4月，船队到达今肯尼亚的马林迪。后由生于阿曼的阿拉伯人马德内德为他们引路。他们不再沿着东非海岸前进，而是驶入大海，航行23天后，横渡过印度洋，于5月20日到达印度半岛西海岸的贸易城市——卡利卡特（今科泽科德）。西方航海家几十年来的夙愿，开辟连接大西洋和印度洋的航路，终于由达·伽马实现了。以后他又两次率队航行到印度，前一次发现了阿米兰特群岛，后一次被任命为印度总督，不久便

49

病逝于印度科钦。

　　新大陆和新航路的发现具有划时代的意义。它不仅对发展欧亚之间的贸易往来和东西方之间的海上交通作出了重大贡献，而且大大拓展了人们的视野，使人类对世界的认识由局部海域扩展到整个大洋，也为进一步认识整个大陆创造了条件。

地球表面的形态

　　地球表面的各种形态，总称为地貌。地表形态的多种多样，有着不尽相同的成因，是内、外力地质作用对地壳综合作用的结果。内力地质作用造成了地表的起伏，控制了海陆分布的轮廓及山地、高原、盆地和平原的地域配置，决定了地貌的构造骨架。而外营力，主要指流水、风力、太阳辐射能、大气和生物

图与文

地球表面：
地球按其自然形态可分为高原、山地、丘陵、平原、盆地等。

的生长等地质作用，通过多种方式，对地壳表层物质不断进行风化、剥蚀、搬运和堆积，从而形成了现代地面的各种形态。

　　山地是众多山体的统称，由山岭和山谷组合而成。山脉是沿一定方向有规律分布的若干相邻山岭的总称。山系是沿一定方向延伸，在成因上有联系、有规律分布的若干相邻山脉的总称。高原的海拔高度一般在 1 000 米以上，面积广大，地形开阔，周边以明显的陡坡为界，有比较完整的大面积隆起地区。丘陵则指地势起伏不平，连接成大片的小山。平原是海拔较低的平坦的广大地区，海拔多在 0 到 500 米之间，一般都在沿海地区。

盆地就像一个放在地上的大盆子，四周高、中部低的盆状地形称为盆地。

　　七大洲的地形各具特色，欧洲、非洲、南极洲地形较为单一。欧洲地形以平原为主，地势较低平，平均海拔 300 米左右，是世界上海拔最低的一个洲；非洲大陆地形以高原为主，被称为"高原大陆"；南极洲地面多被冰雪覆盖，平均海拔超过了 2 000 米，是世界上海拔最高的洲。南北美洲和大洋洲澳大利亚大陆的地形，大体上可以分为西部、中部、东部三大地形区，所不同的是南北美洲地形组合为西部山地、中部平原、东部高原，澳大利亚大陆的地形组合为西部高原、中部平原、东部山地。亚洲地形最为复杂，其中部高，四周低，中部高原、山地面积广大，平原分布在大陆周围。

　　世界上最高的山峰是珠穆朗玛峰，位于亚洲中部、中国西南部；世界上最长的山脉是安第斯山脉，位于南美洲西部，素有"南美洲脊梁"之称；世界上面积最大的平原是亚马孙平原，位于南美洲北部，有世界上面积最广大的热带雨林和水量丰富的亚马孙河；世界上最大的高原是巴西高原，位于南美洲的巴西境内，巴西首都巴西利亚位于巴西高原上；世界上最高的高原是青藏高原，位于亚洲中部，是中国最高的高原，被称为"世界屋脊"；世界上最大的盆地是刚果盆地，位于非洲，其中有刚果河。此外，在世界上，还有很多非常著名的地貌类型，现主要介绍如下：

　　其一，中国丹霞。丹霞，指的是一种有着特殊地貌特征以及与众不同的红颜色的地貌景观（即"丹霞地貌"），像"玫瑰色的云彩"或者"深红色的霞光"。在地质和地貌学层面上，丹霞是一种形成于西太平洋活性大陆边缘断陷盆地极厚沉积物上的地貌

■ 图与文

中国丹霞地貌：中国丹霞于 2010 年 8 月 1 日在巴西利亚举行的第 34 届世界遗产大会上，经联合国教科文组织世界遗产委员会批准，被正式列入《世界遗产名录》。

景观。它主要由红色砂岩和砾岩组成，反映了一个干热气候条件下的氧化陆相湖盆沉积环境。

其二，刚果盆地。为非洲最大盆地，也是世界上最大的盆地。又称扎伊尔盆地。位于非洲中西部。赤道横贯中部。呈方形，赤道横贯中部。面积约337万平方千米。位于下几内亚高原、南非高原、东非高原及低小的阿赞德高原之间，大部在扎伊尔境内，西部及北部包括刚果及中非的部分领土。

其三，亚马孙平原。世界最大的冲积平原，位于南美洲北部亚马孙河中下游。介于巴西高原和圭亚那高原之间，西抵安第斯山麓，东滨大西洋，跨居巴西、秘鲁、哥伦比亚和玻利维亚4国领土，面积达560万平方千米（其中巴西境内220多万平方千米，约占该国领土1/3）。平原西宽东窄，地势低而平坦，最宽处1 280千米，大部分在海拔150米以下，平原中部马瑙斯附近只有海拔44米，东部更低，逐渐接近海平面。平原是在南美洲陆台亚马孙凹陷基础上，经第四纪上升、成陆后，由亚马孙河干流、支流冲积而成。平原降水多，原因是受东北信风和东南信风影响。

其四，巴西高原。巴西高原是世界面积最大的高原，位于巴西东南部。大部在米纳斯吉拉斯州和圣保罗州境内巴西高原。主要由低山、丘陵高地和平顶高原构成。面积有500多万平方千米，位于南美洲中东部，介于亚马孙平原和拉普拉塔平原之间，面积约500万平方千米。海拔300～1 500米，地面起伏平缓，向西、北倾斜。花岗岩、片麻岩、片岩、千枚岩、石英岩等古老基底岩系出露地表。其中东部岩性坚硬的石英岩、片岩部分，表现为脊状山岭或断块山，凸出于高原之上；西部即戈亚斯高原和马托格罗索高原，具有桌状高地特征。高原边缘部分普遍形成缓急不等的崖坡，河流多陡落成为瀑布或急流，切成峡谷。

其五，哈萨克丘陵，亦称"哈萨克褶皱地"。哈萨克斯坦中、东部丘陵。位于哈萨克斯坦中部。北接西西伯利亚平原，东缘多山地，西南部为图兰低地和里海低地。东西长约1 200千米，南北宽约400～900千米。海拔300～500米。西部较平坦，平均海拔300～500米，宽达900千米；东部

较高，平均海拔500～1 000米，宽400千米，地表受强烈切割。面积约占哈萨克斯坦的1/5。有克孜勒塔斯（海拔1 566米）、卡尔卡拉雷（海拔1 403米）、乌卢套、肯特（海拔1 469米）和科克切塔夫等山。哈萨克丘陵为古老的低山台地。经过长时间的风化侵蚀，地表较平坦，多沙丘和盐沼。由于深居内陆，地面又平坦单调，年降水量仅200毫米左右。7月平均气温24℃，冬季由于北部没有高山屏障，北方冷气团长驱直入，气温可降至-30℃以下，气温年较差大，是典型的大陆性干旱半干旱气候，属荒漠、半荒漠地带。自北向南分属草原带、半荒漠带。东南部在巴尔喀什湖附近为荒漠带。山区有松林。生荒地用作牧场。矿产资源主要有铜、铅、锌、铬、煤、铁、石油、天然气和铝土矿等。

其六，安第斯山脉地貌。为世界上最长的山脉，几乎是喜玛拉雅山脉三倍半，属美洲科迪勒拉山系，是科迪勒拉山系主干。南美洲西部山脉大多相智利巴塔哥尼亚地区的安第斯山脉互平行，并同海岸走向一致，纵贯南美大陆西部，大体上与太平洋

■ 图与文

从太空看安第斯山脉地貌：地质上属年青的褶皱山系，地形复杂。南段低狭单一，山体破碎，冰川发达，多冰川湖；中段高度最大，夹有宽广的山间高原和深谷，是印加人文化的发祥地；北段山脉条状分支，间有广谷和低地。多火山，地震频繁。

岸平行，其北段支脉沿加勒比海岸伸入特立尼达岛，南段伸至火地岛。跨委内瑞拉、哥伦比亚、厄瓜多尔、秘鲁、玻利维亚、智利、阿根廷等国，全长约8 900千米。一般宽约300千米，最宽处在阿里卡至圣他克卢斯之间，宽约750千米。整个山脉的平均海拔3 660米，有许多高峰终年积雪，海拔超过6 000米，由一系列平行山脉和横断山体组成，间有高原和谷地。海拔多在3 000米以上，超过6 000米的高峰有50多座，其中汉科乌马山

海拔 7 010 米，为西半球的最高峰。

安第斯山最高峰是位在阿根廷内的阿空加瓜山，海拔 6 962 米，是世界上最高的火山，也是最高的死火山。此外，安第斯山脉中的哥多伯西峰是世界最高的活火山之一，海拔 5 897 米，南美洲多条重要河流的发源地。气候和植被类型复杂多样，富森林资源以及铜、锡、银、金、铂、理、锌、铋、钒、钨、硝石等重要矿藏。山中多垭口，有横贯大陆的铁路通过。泛美公路沿纵向谷地和海岸沟通安第斯山区各国。安地斯山脉是由许多连续不断的平行山脉和横断山脉组成的，其间有许多高原和洼地。

陆地上的主要河流

地表上有相当大水量且常年或季节性流动的天然水流，被称为河流；指由一定区域内地表水和地下水补给，流经地表或地下的条状槽形洼地里的水流，在地表的叫河流，在地下流动的称为地下河。通过河流的水平运动，实现了水在陆地表面的再分配以及泥沙、各种盐类和化学元素，从一个区域向另一个区域的传输，并最终进入大海。一条较大的河流，通常可以分为河源、河口和上、中、下游五个部分。河源是河流的发源地、起点，河口则是河流的终点。河流各段根据其比降、水流特性、水量和侵蚀与堆积作用的不同，可分为上、中、下游三部分。通常是上游河道比降大，水流湍急，以侵蚀下切为主；中游河道比降减小，水流减缓，水量增大，以侧蚀为主；下游河道宽阔，水量大流速小，以泥沙沉积为主。

河流是地球上水分循环的重要路径，对全球的物质、能量的传递与输送起着重要作用。流水还不断地改变着地表形态，形成不同的流水地貌，如冲沟、深切的峡谷、冲积扇、冲积平原及河口三角洲等。在河流密度大的地区，广阔的水面对该地区的气候也具有一定的调节作用。地球上的河流很多，河长在 1 000 千米以上的就有 30 多条。其中长度名列前十位的河流是尼罗河、亚马孙河、长江、密西西比河、叶尼塞河、黄河、鄂毕河、黑龙江、刚果河、勒拿江，其中在我国境内和与我国有关的国际河流共有三条。下面对主要河流作简要介绍。

其一，世界第一长河——尼罗河。该河位于非洲东部，由南向北流，全长6 650千米，为世界第一长河。尼罗河是一个多源河，最远的源头称阿盖拉河，注入维多利亚湖，再从其北岸的金贾流出，北流进入东非大裂谷，形成卡巴雷加瀑布，然后经艾伯特湖北端，在尼穆莱附近进入苏丹，经马拉卡勒后称白尼罗河。由于白尼罗河流经大片沼泽，所含杂质大部沉淀，水色纯净，但因水中挟带有大量水生植物而呈乳白色而得名。白尼罗河北流至喀土穆汇入青尼罗河，在喀土穆以北320千米接纳阿特拉巴河，流至埃及首都开罗进入尼罗河三角洲，并分为罗基塔河与塔米埃塔河两个支汊，分别注入地中海。

尼罗河流域面积3 349万千米^2，人口超过5 000万，流经布隆迪、坦桑尼亚、卢旺达、扎伊尔、肯尼亚、马子达、苏丹、埃塞俄比亚、埃及等九个国家。白尼罗河由河源到苏丹的朱巴一段，具有山地河流的特征，河流在东非高原上蜿蜒曲折，多跌水和瀑布，河水经维多利亚湖等湖泊的调节，出口处的年平均流量为590米^3/秒，至朱巴增至870米^3/秒。朱巴到喀土穆以下80千米处的沙普鲁加峡，流经了宽达400千米的沼泽平原。这段地区比降极小，水流缓慢，由于大部分地区干热少雨，蒸发强烈，使河水损失大半。

青尼罗河发源于埃塞俄比亚高原土的海拔为1 830米的塔纳湖，由于高原湿润多雨，河流水量较大，与白尼罗河汇合处的流量达1 640米^3/秒，差不多是白尼罗河流量的两倍，再加上阿特巴拉河的来水流量392米^3/秒，合计流量达到2 900米^3/秒。经过沿途引水灌溉和各种损耗，尼罗河到达河口处的流量只剩下2 200米^3/秒，成为世界上水量最小的大河。尼罗河下游地区自古以来就是著名的灌溉农业区，孕育了古埃及文明。尼罗河水的涨落非常有规律，6~7月份是洪水期，河口处的最大流量可达6 000米^3/秒，易泛滥成灾。但是洪水带来的肥沃泥土有利于农业。在尼罗河流域的尼罗特人、贝扎人、加拉人、索马里人，都与尼罗河息息相关。在尼罗河两岸至今还留有大量古代文明的遗迹，如金字塔，巨大的帝王陵墓、神庙等。

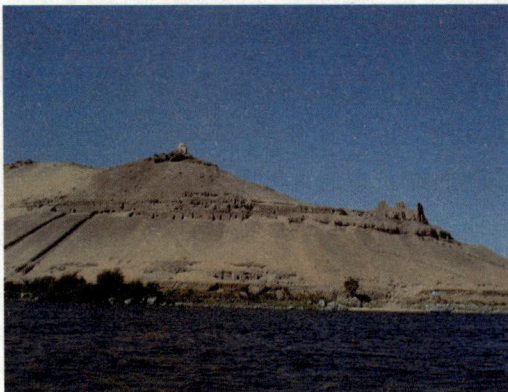

世界第一长河——尼罗河

其二，世界最大的河——亚马孙河。亚马孙河全长 6 500 千米，流域面积 705 万千米^2，河口处的年平均流量达 12 万米^3／秒，是南美洲第一大河，长度仅次于非洲尼罗河，为世界第二长河，但它是世界上水量最大和流域面积最广的河流。亚马孙河上源乌卡亚利河与马拉尼翁河发源于秘鲁的安第斯山脉，干流横贯巴西西部，

在马拉若岛附近注入大西洋。亚马孙河流域广大，纬度跨距有 25 度之多，包括巴西的大部分，委内瑞拉、哥伦比亚、厄瓜多尔、秘鲁和玻利维亚的一部分。亚马孙河支流众多，有来自圭亚那高原、巴西高原和安第斯山脉的大小支流近千条。主要有雅普拉河、茹鲁阿河、马代拉河、欣古河等七条，它们的长度都在 1 600 千米以上，其中马代拉河最长，达 3 219 千米。亚马孙河地处世界上最大最著名的热带雨林地区，降水非常充沛，由西部的平原到河口的辽阔地域内，年平均降水量都在 2 000 毫米以上，河水量终年丰沛，洪水期河口的流量可达 20 万米^3／秒。

亚马孙河每年注入大西洋的水量，约占全世界河流入海总水量的 20%。亚马孙河水大、河宽、水深，巴西境内的河深大都在 45 米以上。马瑙斯附近深达百米，下游的河宽在 20—80 千米，喇叭形的河口宽达 240 千米。如此宽深的水面，使亚马孙河成为世界最著名的黄金水道，具有极大的航运价值。

亚马孙河流域的大部分地区，覆盖着热带雨林，动植物种类繁多，是生物多样性最为丰富的地区。热带雨林中的硬木、棕榈、天然橡胶林等，

均具有极大的经济价值。河深水阔的亚马孙河，支流密布，加上大片的沼泽和众多的牛轭湖，组成了一片广袤的淡水海域，栖息和繁衍着大量鱼群和为数众多的珍稀生物，有世界上最大的食用淡水鱼——皮拉鲁库鱼、淡水豚、海牛、鳄鱼、巨型水蛇等水生生物和大量珍禽异兽。

其三，世界第三大河——长江。长江不仅是中国第一大河，也是亚洲第一大河，同时是世界第三大河。全长 6 300 千米；流域从西到东约 3 219 千米，由北至南 966 千米。发源于我国西部，流经包括西藏自治区在内的 12 省区。长江流域人口分布不均衡；人口最密集之地在华中和华东毗连长江两岸及其支流的平原，流域西部高原地区人口最为稀少。3/4 以上的流程穿越山区。有雅砻江、岷江、嘉陵江、沱江、乌江、湘江、汉江、赣江、黄浦江等重要支流。该流域是我国的巨大粮仓，产粮几乎占全国的一半，其中水稻达总量的 70%。上海、南京、武汉、重庆和成都等人口百万以上的大城市都在长江流域。

长江在湖北省宜昌市以上为上游，水急滩多；宜昌至江西省湖口间为中游，曲流发达，多湖泊（鄱阳、洞庭两湖最大）；湖口以下为下游，江宽，江口有冲积而成的崇明岛。长江水量和水利资源丰富，长江干流通航里程达 2 800 多千米，素有"黄金水道"之称。

其四，流域面积最广的河——密西西比河。密西西比河位于北美洲，全长 6 020 千米，流域面积 3 221 万千米^2，为北美第一大河和世界第四长河。密西西比河干流发源于美国明尼苏达州艾塔斯卡湖，由北向南流经加拿大的两个省和美国的 31 个州，最后注入墨西哥湾。主要支流有西岸的密苏里河、阿肯色河、雷德河等，东岸的俄亥俄河、田纳西河等。密西西比河水量丰富，极具航运灌溉价值，素有"河流之父"和"老人河"之称，其河口的年平均流量为 18 100 米^3/秒。密西西比河的中、下游河道迂回曲折，流淌在大平原上，曲流发育，河漫滩广阔，沼泽和牛轭湖遍布。密西西比河含沙量较大，每年输入墨西哥湾的泥沙达 4.95 亿吨，在河口处形成了巨大的鸟足形三角洲，面积有 7.77 万千米^2，其中 2.6 万千米^2 露出水面，每年可向海中推进近 100 米。密西西比河及其支流构成了美国最庞大的内河航运网，北经俄亥俄河与伊利诺伊水道能与五大湖沟通。水深在 2.75 米以上的航道有上万千米，可航水路达 2.5 万千米。

其五，含沙量最大的河——黄河。黄河发源于青藏高原巴颜喀拉山北麓的约古宗列盆地西南缘的雅拉达泽，曲折穿行于黄土高原、华北平原，最后在山东垦利县注入渤海。全长 5 464 千米，有 34 条重要支流，流域面积 75 万千米^2，是中国第二大河。黄河以泥沙含量高而闻名于世。其含沙量居世界各大河之冠。据计算，黄河从中游带下的泥沙每年约有 16 亿吨之多，如果把这些泥沙堆成 1 米高、1 米宽的土墙，可以绕地球赤道 27 圈。"一碗水半碗泥"的说法，生动地反映了黄河的这一特点。黄河多泥沙是由于其流域为暴雨区，而且中游两岸大部分

■ 图与文

黄河壶口瀑布：黄河是中华民族的母亲河，它为中华文明的发展作出了巨大的贡献。她养育了世世代代的华夏子孙，是中华民族的骄傲。

为黄土高原。大面积深厚而疏松的黄土，加之地表植被破坏严重，在暴雨的冲刷下，滔滔洪水挟带着滚滚黄沙一古脑儿地泻入黄河。由于河水中泥沙过多，使下游河床因泥沙淤积而不断抬高，有些地方河底已经高出两岸地面，成为"悬河"。因此，黄河的防汛历来都是国家的重要大事。新中国成立以来，国家在改造黄河方面投入了大量人力物力，黄河两岸的水害逐渐减少，昔日的黄泛区已变成当地人民的美好家园。

其六，世界最大内流河——伏尔加河。伏尔加河是世界上最大的内陆河，它发源于东欧平原西部的瓦尔代丘陵中的的湖沼间。全长 3 690 千米，最后注入里海，流域面积达 138 万千米^2，占东欧平原总面积的 1/3，是欧洲第一长河。伏尔加河河源处海拔仅有 228 米，而河口处低于海平面 28 米，因此河水流速缓慢，沙洲、浅滩广为分布，是一条典型的平原河流。像我们的黄河一样，俄罗斯人民把伏尔加河也称为"母亲河"。伏尔加河流域

是俄罗斯最富庶的地方之一。千百年来，伏尔加河水滋润着沿岸数百万公顷肥沃的土地，养育着数千万俄罗斯各族儿女。伏尔加河的中北部是俄罗斯民族和文化的发祥地。

其七，流经国家最多的河流——多瑙河。多瑙河是一条著名的国际河流，是世界上流经国家最多的一条河流。它发源于德国西南部黑林山东麓海拔 679 米的地方，自西向东流经奥地利、捷克、斯洛伐克、匈牙利、克罗地亚、前南斯拉夫、保加利亚、罗马尼亚、乌克兰等国家后，流入黑海。多瑙河全长 2 860 千米，是欧洲第二大河。多瑙河像一条蓝色的飘带蜿蜒在欧洲的大地上。多瑙河沿途接纳了 300 多条大小支流，形成的流域面积达 81.7 万千米^2，比中国的黄河还要大。多瑙河年平均流量为 6 430 立方米/秒，入海水量为 203 立方千米。多瑙河两岸有许多美丽的城市，她们像一颗颗璀璨的明珠，镶嵌在这条蓝色的飘带上。蓝色的多瑙河缓缓穿过市区，古老的教堂、别墅与青山秀水相映，风光绮丽，十分优美。

陆地上的湖泊

陆地上的湖泊分布极广，为数众多，著名的大湖有欧亚大陆之间的里海，亚洲的贝加尔湖、咸海，欧洲的拉多加湖，非洲的维多利亚湖、坦噶尼喀湖和马拉维湖，北美洲的苏必利尔湖、休伦湖、密执安湖、大熊湖、大奴湖、伊利湖、温尼伯湖、安大略湖，南美洲的马拉开波湖。

里海是世界第一大湖。位于欧亚大陆之间，东、南、西三面的大部分分别被卡拉库姆沙漠、厄尔布鲁斯山脉和大高加索山脉所环绕。其南面是伊朗，北面、西面和东面为俄罗斯、哈萨克斯坦、土库曼斯坦、阿塞拜疆等国，也是一个所属国家最多的国际湖泊。海洋学家认为，里海是古地中海的一部分，曾和黑海和大西洋相通过，直到中新世晚期，才逐渐变成四周都是陆地的封闭性的水域。它的水是咸的，水中的生物也和海洋中的差不多，因此仍旧可算作海。但是地理学家却认为，里海虽然称"海"，但它四周都是陆地，与海洋不直接相通，从地理角度看应当属于湖泊。里海南北长约 1 200 千米，东西宽约为 320 千米，湖岸线长约 7 000 千米，平均深度 180 米，最大水深 1 025 米，面积 37.1 万千米^2，比北美五大湖的总面积要多出 12 万千米^2。里海的入湖河流有 130 条，最大的河流是由北部注入的伏尔加河，其年入湖径流量为 300 千米^3 以上，占里海总入湖径流量的 85%。入湖径流量的季节变化和年际变化，直接影响里海的盐度和水位。里海的盐度约比大洋水的标准盐度低 2/3，一般为 12‰ ~ 13‰，氯化物含量低，硫酸盐和碳酸盐的含量高。伏尔加河三角洲外围的湖水因入湖河水的淡化，盐度最低只有 0.2‰。里海水位长周期和超长周期的显著变化，是最引入瞩目的现象。研究表明，19 世纪初期的里海水位，要比 4 000~6 000 年前低 22 米；1930~1957 年间，由于在伏尔加河上修建了众多水库，流域工农业用水增加和气候变干等的影响，里海水位又有下降，自 20 世纪 70 年代初以来，水位一直保持在海拔 –28.5 米左右。里海流域动植物种类众多，植物有 500 多种，动物有 850 种。常见的鱼类有鲟鱼、鲱鱼、河鲈、西鲱等，其中鲟鱼是当地著名的特产。里海湖域油气资源丰富，西岸的巴库和南岸的厄尔布尔士山，都是重要的产油区。

苏必尔湖是北美五大湖中最西北的一个，为世界最大的淡水湖，位于加拿大

■ 图与文

美丽的苏必利尔湖：苏必利尔湖是世界最大的淡水湖，湖中最大的岛屿为罗亚尔岛，长 72 千米，最宽处达 14 千米，密布针、阔叶林，野花遍地，野生动物出没其间，有 200 多种鸟类，已被美国辟为国家公园。苏必利尔湖流域矿产资源丰富，蕴藏铁、镍、银、铜等多种矿产。苏必利尔湖地处高纬地区，每年封冻期约为四个月，通航期八个月，主要港口有加拿大的桑德县，美国的塔克尼特、图哈伯斯、阿什兰、汉考克、霍顿和马凯特等。

和美国之间，其东、北面为加拿大的安大略省，西、南面为美国的明尼苏达、威斯康辛和密执安州。苏必利尔湖的水面面积为8.21万千米²，平均深度为148.4米，最大深度为405.4米，蓄水量为1.16万千米³，占五大湖总蓄水量的一半以上。苏必利尔湖流域面积为127 687千米²，注入的河流有近200条，最大的河流是尼皮贡河和圣易斯河，湖水通过圣马丽斯河流入休伦湖。沿湖多林地，季节性的渔猎和旅游是当地娱乐业的主要项目。西岸的加拿大境内开辟有苏必利尔省立公园，园中建有很多游乐设施，还保存有阿加万人的石壁画。

维多利亚湖位于非洲肯尼亚、乌干达和坦桑尼亚三国的接壤处，呈不规则的四边形，南北长337千米，最宽处为241千米，平均水深40米，最大水深82米，湖面面积6.84万千米²，湖岸线长3 200千米，湖面海拔1 134米，流域面积达23.89万千米²，湖水容积2 700千米³，是非洲第一大淡水湖和世界第二大淡水湖。维多利亚湖中多岛屿和暗礁，其中最大的岛屿是斯皮克湾北面的凯雷韦岛，岛上长满树木，高出湖面198米；湖的西北角分布有由62个岛屿组成的塞塞群岛，人口稠密，风景优美。维多利亚湖的南岸岸线曲折，多悬崖陡壁，在花岗岩丘陵间分布着很多小湖湾；北岸亦曲折多岬角；东北岸有一条狭长的水道通往卡韦朗多湾，并延伸64千米到肯尼亚的基苏木。维多利亚湖流域面积广大，入湖河流众多，其中较大者有发源于基伍湖东面、由湖西侧注入的卡格拉河和唐加河。湖周分布着广阔的平原和沼泽，有数百万人口居住在湖周80千米的范围内，是非洲人口最稠密的地区之一。湖中全年可以通航，湖港有木索马、基苏木等。由于1954年建成了欧文瀑布水坝，维多利亚湖实际上已变成一个大水库。维多利亚湖周风景独特，生物种类繁多，在湖的东南岸建有塞伦盖蒂国家公园，园内生活着大量野牛、斑马、狮子、豹、大象、犀牛、河马、狒狒和200多种鸟类。

咸海位于哈萨克斯坦共和国的西南部的干旱荒漠地区，东北至西南最长，为428千米，宽235千米，面积6.45万千米²，为亚洲第一大内陆咸水湖。咸海的大部分水深为20.25米，最深为67米，湖面海拔53米，水位变化很大，湖水的多年容量为 1 020 千米^3。由于咸海地处干旱荒漠地区,气候干燥,降水稀少,蒸发强烈,年降水量约 100 毫米,水面年蒸发量达 1 000 毫米,湖水的含盐量为 10‰~14‰。注入咸海的河流主要是阿姆河与锡尔河两条内陆河,它们在河口形成了各自的三角洲。由于 50 年代阿姆河和锡尔河水大量用于农业灌溉,入湖径流量大为减少,使湖水水面在 1960~1969 年的 10 年内,下降了 1.5 米,含盐量大幅度增加,面积急剧缩小,鱼的产量剧减。咸海水域面积占世界大湖泊第四的位置早已不保,可能要退后很多。咸海中岛屿较多,共计有大小岛屿 313 个,原总面积为 2 345 千米^2,较大的有科卡拉尔、巴尔萨克利梅斯、沃兹洛日杰尼亚岛等。咸海冬季结冰,通航期约七个月。

休伦湖位于加拿大和美国之间,是北美五大湖中的第二大湖,因印第安人休伦族而得名,为世界第五大湖。休伦湖的北、东、南三面为加拿大的安大略省,西面为美国的密执安州。湖水水域面积 5.98 万千米^2,容积 3 580 千米^3,最大水深 229 米,湖面海拔 176 米。休伦湖除承纳苏必利尔湖和密执安湖的湖水外,还容纳众多河流注入的河水,然后经南端的圣克莱尔河流向伊利湖。休伦湖的东北部多岛屿,东南部有半岛斜插入湖,在加拿大的境内形成了乔治亚湾,其南部是苹果产区。休伦湖的其余湖湾区周围,森林密布,风景优美,开辟有群岛国家公园和三万岛等避暑胜地。休伦湖 4 月初至 12 月底为通航季节,湖上一片航运繁忙景象,主要湖港有加拿大的科灵伍德、米德兰、

■图与文

卡兰博瀑布:坦噶尼喀湖的入湖河流多是源短流急的溪流,河道中多跌水和瀑布,其中位于坦桑尼亚和赞比亚边界处的卡兰博瀑布高达 216 米,是非洲第二落差大而水流又常年不断的瀑布。坦噶尼喀湖西部有通道,湖水向西流入刚果河。

迪波特和美国的罗克波特、罗杰斯城、希伯尔根等港口。

坦噶尼喀湖位于扎伊尔、坦桑尼亚、布隆迪、赞比亚、卢旺达等国交界处的东非大裂谷中，由断层陷落形成，是非洲的第二大淡水湖，世界第七大湖泊。坦噶尼喀湖南北长 720 千米，东西宽 48~70 千米，面积约 3.29 万千米^2，湖水容积 1.89 万千米^3。坦噶尼喀湖狭长而水深，是由南北两个深水盆地所组成，北部最深处为 1 310 米，南部最深处 1 435 米，为世界上仅次于贝加尔湖的第二深水湖泊。坦噶尼喀湖湖面海拔 774 米，湖底在海平面以下 696 米。湖岸线蜿蜒曲折，湖区风景秀丽多姿，气候宜人，沿岸植物茂密，动物众多。林中有成群结队的大象、狮子、羚羊、长颈鹿等动物，湖中有鳄鱼和河马，是人们旅游观光休憩的好去处。

地球上人口的承载能力

地球上人口的不断增加，给地球环境和资源带来越来越大的压力。为了养活地球上越来越多的人口，人类不得不加大对自然资源的开发利用，从而使全球不可再生资源的存量日益减少。

地球上人口的快速增长是伴随着全球社会经济的快速发展而发生的。两千年前，地球上的人口还不足 2.5 亿人，到了 1650 年，人口总数增加了一倍。又过了 200 年，人口总数再次翻番，至 1830 年，已超过 10 亿人。此后，人口翻番的间隔年份越来越短，从 10 亿到 20 亿，只用了 100 年，而从 20 亿到 40 亿，仅仅花了 45 年的时间。进入 20 世纪后，世界人口呈现爆炸式增长：全球人口于 1999 年 6 月已达到 60 亿，约是 1900 年全球人口的 4 倍，是 1960 年全球人口的 2 倍。世界人口从 50 亿增长到 60 亿，只花了 12 年时间，这比之前任何一个 10 亿数人口增长的速度都要快。据美国一人口机构预计，到 2025 年，全球人口将突破 80 亿大关，2050 年全球人口将增至 90 亿。

地球作为人类栖息的家园，到底能容纳多少人？人们对此总是争论不休。自 1798 年英国的马尔萨斯发表了著名的《人口原理》以来，人口悲观论就从未停止过。马尔萨斯认为，人口增长将超过地球可提供的食物供给，人口将被罪恶和苦难所抑制。随着二战后世界人口出现前所未有的增长，以马尔萨斯为代表的人口悲观论也达到顶峰。美国人口生态学家保罗·埃里奇于 1968 年出版其轰动一时的《人口爆炸》。埃里奇认为，世界人口的迅速增长与过剩已超过地球生态环境的承载能力，预言 1970 年~1985 年世界将会发生大规模饥荒和灾难。但 30 多年过去了，悲观论者的预言并没出现，世界人口由埃里奇著文时的 35 亿左右跨过 65 亿大关。

■图与文

地球能容纳多少人？根据科学家计算，地球能养活 80 亿人。

据一位乐观科学家的计算，地球可承受人口的最高极限是目前地球人数的 20 万倍！早在 1964 年，英国有位科学家声称，只要地球获得的热量（包括地球生物产生的热量和地表吸收的太阳能）能够和它散发走的热量保持平衡状态，那么地球将一直处于适合人类居住的状态。根据测算，科学家最后宣布：在地球温度不过热的情况下，地球可承载的极限人数应该是 1 300 万亿人，是现在人口的 20 万倍。但科学家称，这只是个理论数字，它必须建立在人类可以通过高科技方法解决食物短缺的前提下。美国人口学家科恩在 1996 年出版了迄今为止有关地球承载力的最系统、全面、深入的总结性研究专著《地球能养活多少人》。科恩发现，对地球承载力的研究，不同学者的观点和结论存在令人难以置信的差异。科恩得出结论：无法预言地球的承载能力。气候变化、能源供求和科技发展，这些都是可能影响最终结果的因素。

但是，目前很多科学家还是认为能用科学方法计算地球的承载力。比如生态学家从生物圈能提供的食物量，计算地球能养活多少人的极限。生态学家指出，人类主要靠吃植物为生，虽然也吃肉类，但被吃的动物是靠吃植物生存的，所以人类实际上是间接地在吃着植物。一个人每天需从植物那里获得 2 200 大卡的能量才能维持正常的生存。这样估算，地球则能养活 8 000 亿人口。但是，专家们同时指出，地球上的植物不可能全部变为食物供人类利用，有不少植物是根本无法利用的，有的则要供养其他动物，剩下能为人类享用的那部分能量实际上只占植物总生产量的 1%。因此，地球上最多养活的人口不是 8 000 亿，而仅仅是 80 亿。当然，人类为了增加食物供应，会采取种种努力，但是，如果世界人口按目前的增长速度发展下去，任何先进的科学技术也无法使人类避免饥饿的威胁，食物短缺的压力必将与日俱增。

中国科学院国情分析研究小组估测，我国人口承载量最高应控制在 16 亿左右，最合适的人口数量为 7 亿左右。这就是说，16 亿左右是中国人口的一条生命线。科学家根据生态系统的负荷能力，提出我国生态的理想负荷能力应为 7 亿到 10 亿人口，主要基于以下 5 点：按粮食产量，不应超过 12.6 亿人；按能源的理想负载，不应超过 11.5 亿人；按土地资源，不应超过 10 亿人；按淡水供应，不宜超过 4.5 亿人；按动物蛋白供应，不宜超过 2.6 亿人。

地球上的生物种类

地球上的生物种类繁多，形态各异。根据生物学家统计，生物圈中已被记录在册的生物有 250 万种，其中动物约 200 万种，植物约 34 万种，微生物约 3.7 万种。

因受地理位置、气候、地形以及土壤等因素的影响，地球上生物的分布也是多种多样的。首先可以将地球生物分为水生生物和陆生生物，其中

企鹅的母爱：企鹅有18种。特征为不能飞翔；身体为流线型，以便在水里游泳；脚生于身体最下部，故呈直立姿势；趾间有蹼；前肢成鳍状；羽毛短，以减少摩擦和湍流冲击；羽毛间存留一层空气，用以绝热。背部黑色，腹部白色。

陆生生物可以根据纬度地带性、经度地带性和垂直地带性而分为热带雨林、常绿阔叶林、落叶阔叶林和北方针叶林、稀树草原、草原、荒漠以及苔原。

在动物界中，根据动物身体中有没有脊椎而分成为脊椎动物和无脊椎动物两大主要门类。脊椎动物按照从低等到高等分为鱼类、两栖类、爬行类、鸟类、哺乳类。无脊椎动物分为原生动物、腔肠动物、环节动物、软体动物、节肢动物。

在动物分类学上，为了将数量众多的物种进行鉴定、研究，便建立了一个科学的系统，设立了很多的等级，用以表示各种动物间类似的程度和亲缘关系的远近。物种是动物分类的基本单位，将若干相近似的物种归并在一起，称为属，又将一些相近似的属归并在一起，称为科，再将若干科并为目，若干目并为纲，若干纲并为门。门是动物界最高的分类等级，这样从上至下则为界、门、纲、目、科、属、种，形成了一个科学的动物分类系统。有时为了更精确地表达动物间的分类地位和相似的程度，或因各等级间范围过大，不能完全包括其特征关系或系统关系，有的学者将原有的等级再进一步细分，如在某

动物界

一等级之前加上"总"或在某一等级之后加上"亚"这一级。即为门、亚门、总纲、纲、亚纲、总目、目、亚目、总科、科、亚科、属、亚属、种、亚种等。

"门"是分类的最大单元。目前动物界一共分为30多门，其中主要的有下列几门：原生动物门、多孔动物门、腔肠动物门、扁形动物门、线虫动物门、环节动物门、软体动物门、节肢动物门、棘皮动物门、脊索动物门。动物类群之间相似程度越大，表明它们的亲缘关系越近；相似程度越小，表明它们的亲缘关系越远。动物分类体系就是力图表明各类动物在进化历程中这种相互之间的自然关系。

植物按照从低等到高等的顺序可以分为藻类、苔藓类、蕨类和种子植物。种子植物按照果实有无种皮包，被分为裸子植物和被子植物。被子植物按照子叶的数目分为单子叶和双子叶植物。

同样，把植物界各个分类等级按照其高低和从属亲缘关系顺序地排列起来，即将整个植物界的各种类别按其大同之点归为若干门，各门中就其不同点分别设若干纲，在纲下分目，目下分科，科再分属，属下分种。植物界共分17个门，即裸藻门、金藻门、甲藻门、绿藻门、轮藻门、褐藻门、红藻门、蓝藻门、地衣门、细菌门、真菌门、粘菌门、卵菌门、苔藓植物门、蕨类植物门、裸子植物门、被子植物门。

第四章
地球之肺——森林

森林通过绿色植物的光合作用，不但能转化太阳能而形成各种各样的有机物，而且靠光合作用吸收大量的二氧化碳而放出氧气，维系了大气中二氧化碳和氧气的平衡，使人类不断地获得新鲜空气。同时森林每年可提供28.3亿吨有机物，占陆地植物生产有机物总产量53亿吨的53.4%。因此，生物学家说，"森林是地球之肺。"从而说明了森林与地球的紧密关系。

森林是人类的老家

　　覆盖在大地上的郁郁葱葱的森林，是自然界拥有的一笔巨大而又最可珍贵的"绿色财富"。人类的祖先最初就是生活在森林里的。他们靠采集野果、捕捉鸟兽为食，用树叶、兽皮做衣，在树枝上架巢做屋。森林是人类的老家。人类是从这里起源和发展起来的。直到今天，森林仍然为人类提供着生产和生活所必需的各种资料。初步估计世界上有 3 亿人以森林为家，靠森林谋生。

　　森林提供包括果子、种子、坚果、根茎、块茎、菌类等各种食物，泰国的某些林业地区，60% 的粮食取自森林。森林灌木丛中的动物还给人们提供肉食和动物蛋白。木材的用途很广，造房子，开矿山，修铁路，架桥梁，造纸，做家具……森林为数百万人提供了就业机会。其他的林产品也极丰富，松脂、烤胶、虫蜡、香料等等，都是轻工业的原料。我国和印度使用药用植物已有 5000 年的历史，今天世界上大多数的药材仍旧依靠植物和森林取得。薪柴是一些发展中国家的主要燃料。世界上约有 20 亿人靠木柴和木炭做饭。像布隆迪、不丹等一些国家，90% 以上的能源靠森林提供。

　　几千年来，森林哺育着人类，也滋润着人的心灵。古代的诗人流连山水之间，思如泉涌，灵感频现，写下许多美妙的诗篇："深林人不知，明月来相照。""蝉噪林愈静，鸟鸣山更幽。""平林漠漠烟如织，寒山一带伤心碧。""水清石出直可数，林深无人鸟相呼。"著名的山水诗人王维在《鸟鸣涧》中写道："人闲桂花落，夜静春山空。月出惊山鸟，时鸣春涧中。"夏夜晚风扑面，把人们带入远离尘世的闲适自然中。森林就是诗人的心灵家园。

　　森林就像大自然的"调度师"，它调节着自然界中空气和水的循环，影响着气候的变化，保护着土壤不受风雨的侵蚀，减轻环境污染给人类带来的危害。从生态与环境的角度来看，森林是大自然的卫士，是生态平衡的支柱，它除了能够凭借光合作用，维持空气中的二氧化碳和氧气平衡外，大面积的森林可以通过改变太阳辐射和空气流通状况，对温度、湿度、降水、风速等要素产生一定程度的影响；树木通过光合作用每天不停地吸收大量的二氧化碳并释放大量的氧气，这对于全球生物的生存与气候的稳定，有着很大的影响。据估算，1万平方米阔叶林每天就可以通过光合作用吸收1吨二氧化碳。

森林还是庞大的基因库。由于森林内部结构十分复杂，既有乔木层、灌木层、草本层，还有藤本与寄生植物穿插各层之间，它们都能通过光合作用吸收大量二氧化碳和不断地制造氧气，森林因而拥有最大的生物量。在森林中，植物、动物、微

图与文

森林：不论时代如何变迁，在浩瀚的历史长河里，森林与人类始终不离不弃。面对人类无止境地索取，它就像溺爱孩子的母亲，不抱怨、不吝啬，为人类遮挡沙尘暴的侵袭，给人类提供新鲜的空气、水源和林产品，使人们远离城市的喧嚣和压力，感受快乐和惬意。森林就是人们的快乐老家。回归森林，独坐冥想，依然能够听懂每一棵树的语言。

生物的种类繁多，物种丰富。据估计，地球上有1 000万~3 000万个物种，生存于热带、亚热带森林中者约400万~800万种，所以森林是地球上一个庞大的基因库。破坏森林，就等于破坏地球上最大的基因库，其后果将是十分严重的。

如果有人问，森林是什么，或许每个人都会有不同的答案。

人类学家回答：森林是人类的摇篮。历史学家回答：森林是历史盛衰的象征。

经济学家回答：森林是绿色的金库。生态学家回答：森林是生物的制氧机。

物理学家回答：森林是太阳能储存器。土壤学家回答：森林是土壤的保育员。

水利学家回答：森林是天然的蓄水池。地球物理学家回答：森林是地球之肺。

能源学家回答：森林是煤炭的始祖、江河的源泉。……

这就是森林，但又不是森林的全部。

森林资源分布不均衡

反映森林资源数量的指标主要有：林地、有林地面积，森林覆盖率，木材蓄积量，森林生长量等。根据联合国的统计，目前全球森林覆盖率约为 40 亿公顷，占世界陆地面积的 30% 左右，世界森林资源蓄积推算约为 4 300 亿 m^3。虽然近年来森林退化和消失的速度有所减缓，但每天仍有将近 200 平方千米的森林消失。另外，世界森林面积的分布极不均衡，俄罗斯的森林面积最大，约占全球的 1/5，其次为巴西、加拿大、美国和中国，这 5 个国家的森林总面积占全球森林面积的一半还多。

全球人工林面积 2.64 亿公顷，约占世界森林面积的 7%。从森林功能来看，全球商品林面积接近 12 亿公顷，生物多样性保护林面积超过 4.6 亿公顷，防护林面积 3.3 亿公顷，分别占世界森林面积的 30%、12% 和 8%。从森林权属来看，公有林面积占世界森林面积的 80%。全球森林碳储量达到 2 890 亿吨。所以保护森林资源，就保护了我们的环境。

世界各国森林覆盖率前十多位的是，日本 67%、韩国 64%、挪威 60% 左右、巴西 50% ~ 60%、瑞典 54%、加拿大 44%、美国 33%、德国 30%、法国 27%、印度 23%、中国 20.36%。全世界平均的森林覆盖率为 22.0%，北美洲为 34%，南美洲和欧洲均为 30% 左右，亚洲为 15%，太平洋地区为 10%，非洲仅 6%。森林最多的洲是拉丁美洲，占世界森林面积的 24%，森林覆盖率达到 44%。森林覆盖率最高的国家是南美的圭亚那，达到 97%；森林覆盖率最低的国家是非洲的埃及，仅十万分之一；森林覆盖率增长最快的国家是法国。

联合国环境规划署报告称，有史以来全球森林已减少了一半，主要原因是人类活动。根据联合国粮农组织 2001 年

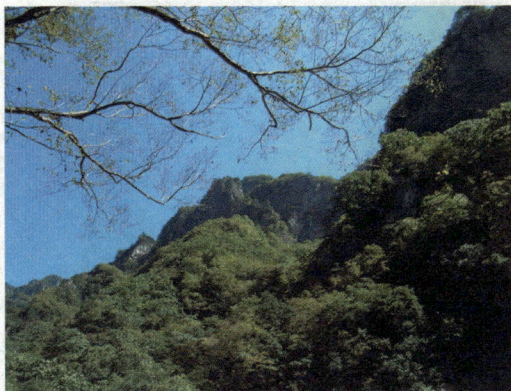

日本森林覆盖率最高

的报告，全球森林从 1990 年的 39.6 亿公顷下降到 2000 年的 38 亿公顷。全球每年消失的森林近千万公顷。虽然从 1990 年至 2000 年的 10 年间，人工林年均增加 310 万公顷，但热带和非热带天然林却年均减少 1 250 万公顷。南美洲共拥有全球 21% 的森林和 45% 的世界热带森林。仅巴西一国就占有世界热带森林的 30%，该国每年丧失的森林高达 230 万公顷。根据世界粮农组织报告，巴西仅 2000 年就生产了 1.03 亿立方米的原木。又据世界粮农组织报告，俄罗斯 2000 年时拥有 8.5 亿公顷森林，占全球总量的 22%，占全世界温带林的 43%。俄罗斯 20 世纪 90 年代的森林面积保持稳定，几乎没有变化，2000 年生产工业用原木 1.05 亿立方米。中部非洲共拥有全球森林的 8%、全球热带森林的 16%，1990 年森林总面积达 3.3 亿公顷，2000 年森林总面积 3.11 亿公顷，10 年间年均减少 190 万公顷。

东南亚拥有世界热带森林的 10%，1990 年森林面积为 2.35 亿公顷，2000 年森林面积为 2.12 亿公顷，10 年间年均减少面积 233 万公顷。与世界其它地区相比，该地区的森林资源消失速度更快。在 2011 年国际森林年的背景下，联合国粮农组织发表了报告指出，由于亚洲森林面积的逐年恢复，世界范围内的森林退化现象有所减轻。这份报告指出，中国、越南、菲律宾和印度森林面积的增加，弥补了非洲和拉美森林面积的减少。报告特别强调了中国和澳大利亚所做的贡献几乎占到总量的一半。

森林雪景

我国现有森林面积 19 545.22 万公顷，森林覆盖率 20.36%。活立木总蓄积 149.13 亿立方米，森林蓄积 137.21 亿立方米。除港、澳、台地区外，全国林地面积 30 378.19 万公顷，森林面积 19 333.00 万公顷，活立木总蓄积 145.54 亿立方米，森林蓄积 133.63 亿立方米。天然林面积 11 969.25 万公顷，天然林蓄积 114.02 亿立方米；人工林保存面积 6 168.84 万公顷，人工林蓄积 19.61 亿立方米。

中国国土辽阔，森林资源少，森林覆盖率低，地区差异很大。全国绝大部分森林资源集中分布于东北、西南等边远山区和台湾山地及东南丘陵，而广大的西北地区森林资源贫乏。全国平均森林覆盖率为 12.0%，其中以台湾省为最高，达 70%。森林覆盖率超过 30% 的有福建 (62.9%)、江西 (60.5%)、浙江 (60.5%)、黑龙江、湖南、吉林等 6 省，超过 20% 的有广东、辽宁、云南、广西、陕西、湖北等 6 省、区，超过 10% 的有贵州、安徽、四川、内蒙古等 4 省、区，其余各省、市、自治区多在 10% 以下，而新疆、青海不足 1%。

亚马孙森林及热带雨林

亚马孙森林是一个热带的奇迹，是当今世界上保存最原始最大最好的热带雨林。远离都市的尘嚣和人类工业、商业的文明，使得亚马孙热带丛林成为一座返璞归真的孤岛绿洲，它覆盖了南美洲200万平方英里的土地面积，占去了巴西的大片土地和厄瓜多尔、哥伦比亚、玻利维亚、委内瑞拉、秘鲁和圭亚那的部分领土，被称为"地球之肺"和"绿色心脏"。

　　哥伦比亚的亚马孙热带雨林是一片广袤的地域，那儿潮湿、炎热、大树参天，茂密的树冠使阳光难以透进，动物种类繁多，植物不计其数；形成一个稠密的网。2 000万的土著人世世代代以亚马孙河流域为家，他们从未与现代社会接触，森林是他们惟一赖以为生的家园。那儿至今还有一些赤身裸体的印第安部落，尚不为世人所知……总之，那是一个与我们的现代文明相距几个世纪的神秘的世界。

　　亚马孙热带雨林是个绚丽多姿、丰富多彩的植物王国。这个王国中的每一分子，无论它是一棵参天的大树还是一片嫩嫩的幼芽，都充满了勃勃的生机。要知道，不是所有植株都能顺利生长到开花结果、枝繁叶茂，但每个生命都曾为此顽强地拼搏过。有的植株生命短暂，有的只能昙花一现，但

热带雨林

它们都在亚马孙生存过，都为亚马孙奉献过。我们可以看到这样的镜头：一只灰刺脉鼠将一个硕大的种子埋藏在一棵大树下；两周后，动物再来光顾树下时，种子已发育出一尺高的小苗。脉鼠不由分说将小苗连根拔出，咬断茎后将种子叼走了。一棵植株就这样夭折了。

　　亚马孙热带雨林是个博大精深的动物世界。这个世界充满了母爱的温馨、弱肉强食的残暴、同类相残的凶狠以及牺牲自己保护同伴的悲壮。有些动物的行为在人类的眼中也许不可理喻，但这就是大自然法则。比如说，捕食者猎杀被捕食者的过程看起来惨不忍睹，其实前者通常只能捕到后者中的老弱病残个体，才能使被捕食动物种群中强壮的个体存留下来并参与

生殖，因此保证了种群优良基因的传递与后代的健康。倘若没有捕食者的作用，被捕食动物种群中一些体弱的个体也势必繁衍后代。如此以来，一方面动物的数量不断增加，另一方面动物种群质量不断下降，两个副作用会导致种群有朝一日大难临头：爆发瘟疫或食物枯竭。这样最终的结果很可能是整个物种的灭绝。与人类的情理相比，自然法则似乎残酷，但却更深沉和富有哲理。

热带雨林除欧洲外，其他各洲均有分布，而且在外貌结构上也都颇为相似，但在种类组成上有所不同。森林学家将世界上的热带雨林分成三大群系类型，即印度马来雨林群系、非洲雨林群系和美洲雨林群系。印度马来雨林群系，包括亚洲和大洋洲所有热带雨林。由于大洋洲的雨林面积较小，而东南亚却占有大面积的雨林。因此，又可称为亚洲的雨林群系。亚洲雨林主要分布在菲律宾群岛、马来半岛、中南半岛的东西两岸，恒河和布拉马普特拉河下游，斯里兰卡南部以及中国的南部等地。其特点是以龙脑香科为优势，缺乏具有美丽大型花的植物和特别高大的棕榈科植物，但具有高大的木本真蕨桫椤属以及著名的白藤属和兰科附生植物。

非洲雨林群系面积不大，约为 60 万千米^2，主要分布在刚果盆地。在赤道以南分布到马达加斯加岛的东岸及其他岛屿。非洲雨林的种类较贫乏，但有大量的特有树种。棕榈科植物尤其引人注意，如棕榈、油椰子等，咖啡属种类很多（全世界具有 35 种，非洲占 20 种）。然而在西非却以楝科为优势，豆科植物也占有一定的优势。

美洲雨林群面积

图与文

见血封喉树：见血封喉树，又名箭毒木，桑科。树高可达 40 米，春夏之际开花，秋季结出一个个小梨子一样的红色果实，成熟时变为紫黑色。这种果实味道极苦，含毒素，不能食用。印度、斯里兰卡、缅甸、越南等国家均有分布。树液剧毒，有强心作用。属国家 3 级保护植物。

最大，为 300 万千米 ^{2} 以上，以亚马孙河河流为中心，向西扩展到安达斯山的低麓，向东止于圭亚那，向南达玻利维亚和巴拉圭，向北则到墨西哥南部及安的列斯群岛。这里豆科植物是优势科，藤本植物和附生植物特别多，凤梨科、仙人掌科、天南星科和棕榈科植物也十分丰富。经济作物三叶橡胶、可可树、椰子属植物等均原产于这里。同时这里还生长特有的王莲，其叶子直径可达 1.5m。

中国的热带雨林主要分布在台湾省南部、海南省、云南南部河口和西双版纳地区，在西藏墨脱县境内也有分布。但以云南西双版纳和海南岛最为典型。占优势的乔木树种是：桑科的见血封喉、高山榕、聚果榕、波罗蜜、无患子科的番龙眼以及番荔枝科、肉豆蔻科、橄榄科和棕榈科的一些植物等。但是由于中国雨林是世界雨林分布的最北边缘，因此，林中附生植物较少，龙脑香科的种类和个体数量不如东南亚典型雨林多，小型叶的比例较大，一年中有一个短暂而集中的换叶期，表现出一定程度上的季节变化。

森林有自然防疫作用

树木能分泌出杀伤力很强的杀菌素，杀死空气中的病菌和微生物，对人类有一定保健作用。有人曾对不同环境下每立方米空气中含菌量作过测定：在人群流动的公园为 1 000 个，街道闹市区为 3—4 万个，而在林区仅有 55 个。另外，树木分泌出的杀菌素数量也是相当可观的。例如，一公顷桧柏林每天能分泌出 30 公斤杀菌素，可杀死白喉、结核、痢疾等病菌。

氧气是人类维持生命的基本条件。人体每时每刻都要呼吸氧气，排出二氧化碳。一个健康的人三两天不吃不喝不会致命，而短暂的几分钟缺氧就会死亡，这是人所共知的常识。文献记载，一个人要生存，每天需要吸进 0.8 公斤氧气，排出 0.9 公斤二氧化碳。森林在生长过程中要吸收大量二氧化碳，放出氧气。据研究测定，树木每吸收 44 克的二氧化碳，就能排放出 32 克氧气；树木的叶子通过光合作用产生一克葡萄糖，就能消耗 2 500 升空气中所含有的全部二氧化碳。照理论计算，森林每生长一立方米木材，可吸收大气中的二氧化碳约 850 公斤。若是树木生长旺季，一公顷的阔叶林，每天能吸收一吨二氧化碳，制造生产出 750 公斤氧气。资料介绍，10 平方米的森林或 25 平方米的草地就能把一个人呼吸出的二氧化碳全部吸收，供给所需氧气。诚然，林木在夜间也有吸收氧气排出二氧化碳的特性，但因白天吸进二氧化碳量很大，差不多是夜晚的 20 倍，相比之下夜间的副作用就很小了。就全球来说，森林绿地每年为人类处理近千亿吨二氧化碳，为空气提供 60% 的净洁氧气，同时吸收大气中的悬浮颗粒物，有极大的提高空气质量的能力；并能减少温室气体，减少热效应。

噪声对人类的危害越来越严重，特别是城市尤为突出。据研究结果，噪声在 50 分贝以下，对人没有什么影响；当噪声达到 70 分贝，对人就会有明显危害；如果噪声超出 90 分贝，人就无法持久工作了。森林作为天然的消声器有着很好的防噪声效果。实验测得，公园或片林可降低噪声 5—40 分贝，比离声源同距离的空旷地自然衰减效果多 5—25 分贝；汽车高音喇叭在穿过 40 米宽的草坪、灌木、乔木组成的多层次林带，噪声可以消减 10—20 分贝，比空旷地的自然衰减效果多 4—8 分贝。城市街道上种树，也可消减噪声 7—10 分贝。要使消声有好的效果，在城里，最少要有宽 6 米、高 10 米半的林带，林带不应离声源太远，一般以 6—15 米间为宜。

森林浓密的树冠在夏季能吸收和散射、反射掉一部分太阳辐射能，减少地面增温。冬季森林叶子虽大都凋零，但密集的枝干仍能削减吹过地面的风速，使空气流量减少，起到保温保湿作用。据测定，夏季森林里气温比城市空阔地低 2—4℃，相对湿度则高 15—25%，比柏油混凝土的水泥路面气温要低 10—20℃。由于林木根系深入地下，源源不断的吸取深层土壤里的水分供树木蒸腾，使林正常形成雾气，增加了降水。通过分析对比，林区比无林区年降水量多 10—30%。据研究，要使森林发挥对自然环境的保护作用，其绿化覆盖率要占总面积的 25% 以上。出于森林树干、枝叶的阻挡和摩擦消耗，进入林区风速会明显减弱。据资料介绍，夏季浓密树冠可减弱风速，最多可减少50%。风在入林前200米以外，风速变化不大；过林之后，大约要经过500—1 000米才能恢复过林前的速度。人类便利用森林的这一功能造林治风沙。森林地表枯枝落叶腐

云 杉

烂层不断增多，形成较厚的腐质层，就像一块巨大的吸收雨水的海绵，具有很强的吸水、延缓径流、削弱洪峰的功能。另外，树冠对雨水有截流作用，能减少雨水对地面的冲击力，保持水土。据计算，林冠能阻载10—20%的降水，其中大部分蒸发到大气中，余下的降落到地面或沿树干渗透到土壤中成为地下水。所以说，一片森林就是一座水库。森林植被的根系能紧紧固定土壤，能使土地免受雨水冲刷，制止水土流失，防止土地荒漠化。

工业发展、排放的烟灰、粉尘、废气严重污染着空气，威胁人类健康。高大树木叶片上的褶皱、茸毛及从气孔中分泌出的黏性油脂、汁浆能粘截到大量微尘，有明显阻挡、过滤和吸附作用。据资料记载，每平方米的云杉，每天可吸滞粉尘8.14克，松林为9.86克，榆树林为3.39克。一般说，林区大气中飘尘浓度比非森林地区低10—25%。另外，森林对污水净化能力也极强。据国外研究介绍，污水穿过40米左右的林地，水中细菌含量大致可减少一半，而后随着流经林地距离的增大，污水中的细菌数量最多时可减至90%以上。

砍伐森林的教训

　　森林给予人类的是清洁的生存环境，是绿色宝库，而人类对森林的毁坏，却使生态环境日趋恶化，灾难频繁。天灾人祸已使全世界约 800 万平方千米的森林面积锐减为现在的 280 万平方千米。而且，森林面积目前仍在以每年 20 万平方千米的数量消失。

森林变成了沙漠

　　德国学者狄特富尔特在《人与自然》一书的序言中严肃地告诫："几百年来，人类对大自然一直存在着一种最为放肆的以人类为中心的傲慢态度。如果我们不立即停止人类随意判断而进行的任性改造地球的活动，则在即将到来的灾难中，人类将首当其冲。由于生命层失去自然保护，人类最终也将陷入业已开始的大量死亡漩涡。"

　　几个世纪以来，砍伐森林带来的大自然惩罚在世界各地都有发生。二三百年前，我国的陕北榆林地区曾是个林草茂密、土肥水足的好地方，后来由于清朝政府滥毁

■ 图与文

　　森林是人类的摇篮；森林是绿色的金库；森林是太阳能储存器；森林是天然的蓄水池；森林是地球之肺；森林是煤炭的始祖、江河的源泉。

森林，致使风沙侵蚀，现在的榆林城外变成了一片沙漠。18世纪，大批移民来到美洲大陆，砍伐森林，把大片草原开垦成耕地，致使大自然布局发生了改变。1934年5月，爆发了三天三夜的"黑风暴"，挟带起大量的泥沙，使田地干裂，

图与文

亚马逊热带雨林：位于南美洲的亚马逊盆地，占地700万平方公里。雨林横越了8个国家：巴西（占森林60%面积）、哥伦比亚、秘鲁、委内瑞拉、厄瓜多尔、玻利维亚、圭亚那及苏里南，占据了世界雨林面积的一半，森林面积的20%，是全球最大及物种最多的热带雨林。

水井、溪流、房屋被沙土埋没，千万人无家可归。这些令人类痛心疾首的事实告诉我们，森林的保护对于保护人类良好的生态环境有着多么重要的作用。可叹的是，历史教训并未使人类引以为戒，自毁家园的悲剧仍在不少地方重演着。有"地球之肺"之称的南美亚马孙原始森林的厄运就是又一个典型的例证。丰富的亚马孙热带雨林，蕴藏着世界木材总量的45%。自20世纪60年代起，大片大片的森林在重型拖拉机和火的征讨下开始被毁灭。仅1966～1975年就毁掉森林1 100多万公顷。无节制的砍伐已使巴西全国森林覆盖率由80%下降至40%。狂砍滥伐的恶果也显而易见。近年来，巴西降水减少，气候变得炎热干燥。可以想像，如果任其大砍下去，谁能保证几十年后的亚马孙地区不会变成一个大沙漠呢？

图与文

砍伐森林的悲剧：如果没有森林，陆地上绝大多数的生物会灭绝，绝大多数的水会流入海洋；大气中氧气会减少、二氧化碳会增加；气温会显著升高，水旱灾害会经常发生。

　　森林破坏更为直接的影响还是由于生态平衡遭到破坏，造成土表裸露、水土流失，从而导致土层干燥，土壤受侵蚀。我国黄土高原的变迁，也是这方面很好的例子。据记载，昔日的黄土高原原是森林茂密、郁郁葱葱、气候湿润、流水清澈。在西周时期，森林面积达 56 万平方千米，植被覆盖率达 53%。随着历代王朝大兴土木和无数次的战争，以致使黄土高原毁林毁草，造成了今日千沟万壑、泥沙流失、土地贫瘠的局面。黄河由清变浊，正是大自然对毁林惩罚的见证。

　　森林是如此重要，以致联合国粮农组织把"森林"与"生命"定为 1991 年世界粮食日的主题：不是以植树本身为目标，而是要表明森林如何能帮助人类实现持续发展的目标；要强调森林有持久生产力的作用，即在为后代保存资源基础的同时，满足现在生产不断发展的需求；要提醒人们认识森林不仅能提供粮食、燃料，而且具有最根本的保护环境的价值。

　　森林尤其是原始森林被大面积砍伐，无疑会影响和破坏森林的生态功能，造成当地和相邻地区的生态失调、环境恶化，导致洪水频发、水土流失加剧、土地沙化、河道淤塞乃至全球温室效应增强等问题。切记：覆盖在大地上的郁郁葱葱的森林，是自然界拥有的一笔巨大而又最可珍贵的"绿色财富"。

第 五 章

地球之肾——湿地

湿地，被称为"地球之肾"，与森林、海洋并列为全球三大生态系统类型，它是水陆相互作用形成的独特生态系统，具有季节或常年积水、生长或栖息喜湿动植物等基本特征，是自然界最富生物多样性的生态景观和人类最重要的生存环境之一。湿地作为重要的生命支持系统的一部分，在维护生态平衡、促进经济社会可持续发展、保障人类健康中发挥着不可替代的重要作用。

湿地是人类的发祥地

在人类历史上，湿地是人类灿烂的古代文明的发祥地，如黄河流域孕育了华夏文明，印度河、恒河流域孕育了印度文明，尼罗河孕育了埃及文明，幼发拉底河和底格里斯河孕育了古巴比伦文明。四大文明古国都发祥于大河流域，这绝不是偶然的。

湿地类型多种多样

湿地是位于陆生生态系统和水生生态系统之间的过渡性地带，在土壤浸泡在水中的特定环境下，生长着很多湿地的特征植物。湿地广泛分布于世界各地，拥有众多野生动植物资源，很多珍稀水禽的繁殖和迁徙离不开湿地，因此湿地被称为"鸟类的乐园"。湿地是地球上具有多种独特功能的生态系统，它不仅为人类提供大量食物、原料和水资源，而且在维持生态平衡、保持生物多样性和珍稀物种资源以及涵养水源、蓄洪防旱、降解污染调节气候、补充地下水、控制土壤侵蚀等方面均起到重要作用，因而又有"地球之肾"的美名。

"湿地"，泛指暂时或长期覆盖水深不超过2米的低地、土壤充水较多的草甸、以及低潮时水深不过6米的沿海地区，包括各种咸水淡水沼泽地、湿草甸、湖泊、河流以及泛洪平原、河口三角洲、泥炭地、湖海滩涂、河边洼地或漫滩、湿草原等。湿地覆盖地球表面仅为6%，却为地球上20%的已知物种提供了生存环境，湿地具有不可替代的生态功能。

　　湿地的类型多种多样，通常分为自然和人工两大类。全世界共有自然湿地855.8万平方千米，占陆地面积的6.4%。湿地可以分五大类：近海及海岸湿地、河流湿地、湖泊湿地、沼泽湿地、库塘。

　　近海及海岸湿地包括浅海海域的海草层、海洋草地；包括由珊瑚聚集生长而成的湿地；包括岩石性沿海岛屿和海岩峭壁；包括潮间沙石海滩和潮间淤泥海滩及潮间盐水沼泽；包括以红树植物群落为主的潮间沼泽；包括海岸性咸水湖和海岸性淡水湖；也包括河口水域和三角洲湿地。河流湿地包括河滩、泛滥的河谷、季节性泛滥的草地。沼泽湿地包括藓类沼泽、草本沼泽、沼泽化草甸、灌丛沼泽、森林沼泽、内陆盐泽以及由温泉水补给的沼泽湿地。库塘主要是为灌溉、发电、防洪等目的而建造的人工蓄水设施。

　　湿地的特征是动植物最富有生物的多样性。我国位于欧亚大陆东部，东临太平洋，横跨温带、亚热带和部分热带地区，自然条件复杂，湿地分布广，是世界湿地动植物丰富的国家之一。仅中国有记载的湿地植物就有2 760余种，其中湿地高等植物156科、437属、1 380多种。湿地植物从生长环境看，可分为水生、沼生、湿生三类；从植物生活类型看，有挺水型、浮叶型、沉水型和飘浮型等；从植物种类看，有的是细弱小草，有的是粗

我国湿地面积占世界湿地的10%

大草本，有的是矮小灌木，有的是高大乔木。湿地动物的种类也异常丰富，中国已记录到的湿地动物有 1 500 种左右（不含昆虫、无脊椎动物、真菌和微生物），其中鸟类大约 250 种，鱼类约 1 040 种。鱼类中淡水鱼有 500 种左右，占世界上淡水鱼类总数的 80% 以上。因此，无论从经济学还是生态学的观点看，湿地都是最具有价值和生产力最高的生态系统。

中国湿地面积占世界湿地的 10%，位居亚洲第一位，世界第四位。在中国境内，从寒温带到热带、从沿海到内陆、从平原到高原山区都有湿地分布，一个地区内常常有多种湿地类型，一种湿地类型又常常分布于多个地区。中国 1992 年加入《湿地公约》，截至目前，列入国际重要湿地名录的湿地已达 36 处。

湿地的生态效应

湿地内丰富的植物群落，能够吸收大量的二氧化碳气体，并释放氧气，湿地中的一些植物还具有吸收空气中有害气体的功能，能有效调节大气组分。当然也要必须注意到，湿地生境也会排放出一定量甲烷、氨气等温室气体。沼泽有很大的生物生产效能，植物在有机质形成过程中，不断吸收 CO_2 和其他气体，特别是一些有害的气体。沼泽地上的氧气则很少消耗于死亡植物残体的分解。沼泽还能吸收空气中粉尘及携带的各种菌，从而起到净化空气的作用。另外，沼泽堆积物具有很大的吸附能力，污水或含重金属的工业废水，通过沼泽能吸附金属离子和有害成分。

湿地在蓄水、调节河川径流、补给地下水和维持区域水平衡中发挥着重要作用，是蓄水防洪的天然"海绵"，在时空上可分配不均的降水，通过湿地的吞吐调节，避免水旱灾害。沼泽湿地具有湿润气候、净化环境的功能，是生态系统的重要组成部分。其大部分发育在负地貌类型中，长期积水，生长了茂密的植物，其下根茎交织，残体堆积。潜育沼泽一般也有几十厘米的草根层。草根层疏松多孔，具有很强的持水能力，它能保持大于本身绝对干重 3 ~ 15 倍的水量。不仅能储蓄大量水分，还能通过植物蒸腾和水分蒸发，把水分源源不断地送回大气中，从而增加了空气湿度，调节降水，在水的自然循环中起着良好的作用。据实验研究，一公顷的沼泽在生长季节可蒸发掉 7 415 吨水分，可见其调节气候的巨大功能。

沼泽湿地像天然的过滤器，它有助于减缓水流的速度，当含有毒物和杂质（农药、生活污水和工业排放物）的流水经过湿地时，流速减慢有利于毒物和杂质的沉淀和排除。一些湿地植物能有效地吸收水中的有毒物质，净化

湿地是蓄水防洪的天然"海绵"

水质。沼泽湿地能够分解、净化环境物，起到"排毒"、"解毒"的功能。沼泽湿地中有相当一部分的水生植物包括挺水性、浮水性和沉水性的植物，具有很强的清除毒物的能力，是毒物的克星。据测定，在湿地植物组织内富集的重金属浓度比周围水中的浓度高出 10 万倍以上。正因为如此，人们常常利用湿地植物的这一生态功能来净化污染物中的病毒，有效的清除污水中的"毒素"，达到净化水质的目的。例如，水葫莲、香蒲和芦苇等被广泛地用来处理污水，用来吸收污水中浓度很高的重金属镉、铜、锌等。在美国的佛罗里达州，有人作了试验，将废水排入河流之前，先让它流经一片柏树沼泽地，经过测定发现，大约有 98% 的氮和 97% 的磷被净化排除了。湿地惊人的清除污染物的能力由此可见一斑。印度卡尔库塔市没有一座污水处理厂，该城所有的生活污水都被排入东郊的一个经过改造的湿地复合体中。这些污水被用来养鱼，鱼产量每年每公顷可达 2.4 吨；也可用来灌

溉稻田，每公顷年产水稻 2 吨左右。另外，还在倾倒固体垃圾的地方种植蔬菜，并用这些污水来浇灌。大量的营养物以食物形式从污水中排除出去。卡尔库塔城东的湿地成为一个如此低费用处理生活污水并能同时获得食物的世界性典范。

在农田、草地、森林、河流湖泊等各类生态系统中，湿地的生态效应高居榜首。湿地的生物多样性占有非常重要的地位。依赖湿地生存、繁衍的野生动植物极为丰富，其中有许多是珍稀特有的物种，是生物多样性丰富的重要地区和濒危鸟类、迁徙候鸟以及其它野生动物的栖息繁殖地。我国的 40 多种国家一级保护的鸟类中，约有 1/2 生活在湿地中。我国是湿地生物多样性最丰富的国家之一，亚洲有 57 种处于濒危状态的鸟，在中国湿地已发现 31 种；全世界有鹤类 15 种，我国湿地鹤类占 9 种。我国许多湿地是具有国际意义的珍稀水禽、鱼类的栖息地。天然的湿地环境为鸟类、鱼类提供丰富的食物和良好的生存繁衍空间，对物种保存和保护物种多样性发挥着重要作用。湿地是重要的遗传基因库，对维持野生物种种群的存续，筛选和改良具有商品意义的物种，均具有重要意义。我国利用野生稻杂交培养的水稻新品种，使其具备高产、优质、抗病等特性，在提高粮食生产方面产生了巨大效益。

湿地中的鹤

虽然人工湿地没有自然湿地那样十分丰富的物种，但水田、水塘、湖泊等水域地区生长的动植物种类也很多，例如：水田中生育的植物随季节和水田的状态有所不同。在春耕之前，在水田中生长着雀枕草、野花之类，在干季则有莲花草、野菊草等生长，在湿季则有田芥、六节草等发育。在水田杂草中还有很多湿生植物，以及水豆儿、黑藻、水葫芦等水生植物，说明水田是多样的湿生、水生植物的生育地。另外，在水田中的动物也是多样的。龙虾要在水田中度过一生，青蛙、蜻蜓等要在水田中产卵，并且是幼虫的生息场地，鹭鸟之类的水鸟要在水田中觅食。水田中还有高目鱼、田螺等生存，以及生活在叶面的半翅虫等。

这些动物中有草食性动物，也有肉食性动物。水田中的多样生物组成了复杂的食物链。同样，在水塘和湖泊中也生长有大量的水生植物和各种各样的鱼类、虾、蟹、蚌等动物和微生物，为鸟类、鱼类提供丰富的食物和良好的生存繁衍空间，对物种保存和保护物种多样性发挥着重要作用。人工湿地也是重要的遗传基因库，维持野生物种种群的存续、筛选和改良具有商品意义的物种。而这些生物的存在，提供了很高的经济实用价值和科学价值。

鸟类的乐园

湿地复杂多样的植物群落，为野生动物尤其是一些珍稀或濒危野生动物提供了良好的栖息地，是鸟类繁殖、栖息、迁徙、越冬的理想场所。沼泽湿地特殊的自然环境虽有利于一些植物的生长，使鸟类在这里获得特殊的享受。因为水草丛生的沼泽环境，为各种鸟类提供了丰富的食物来源和营巢、避敌的良好条件。

湿地作为一种地球的生态资源，在保护环境、保护鸟类方面起着极其重要的作用。湿地可以调节降水量不均所带来的洪涝与干旱；湖泊、江河、水库等大量水面及其水生植物可以调节气候；湿地植被的自然特性可以防止和减轻对海岸线、河口湾和江河、湖岸的侵蚀；在地势较低的沿海地区，下层基底是可以渗透的，淡水一般位于较深的咸水上面，通常由沿海的淡水湿地所保持，因此，湿地可以防止海水入侵，保证生态群落和居民的用水供应，防止土地盐碱化；湿地流入到蓄水层的水，可以成为浅层地下水系统的一部分，使之得以保存和及时补充。下面，以黄河口湿地为例，介绍鸟类保护的一些经验。

黄河口湿地生态的逐渐恢复，为鸟类提供了大量的水草、嫩芽、野草、种子、谷物、昆虫及水生动植物食物链，吸引了众多的珍禽候鸟。为适应鸟类种群、数量增加的需要，自然保护区管理局在保护区建立了两处总面积 1 000 公顷的鸟类食物补给区，主要养殖贝类等水生物。在黄河口管理站和位于垦利县的大汶流管理站各建了一处 200 公顷的鸟类食物补给区，种植了小麦等作物，只种不收，为鸟类补给食物。

黄河三角洲地处暖温带，是东北亚内陆和环西太平洋鸟类迁移重要的中转站，越冬栖息地和繁殖地。每年的 10 月末到 11 月下旬是保护区最

黄河口湿地生态公园

美、候鸟最多的季节。截止目前，保护区内已经发现陆生动物 901 种，其中鸟类由过去的 265 种增加至 290 余种，还有 152 种鸟类被列入《中日保护候鸟及栖息环境的协定》中，每年到黄河口做客的候鸟达 400 万只。属国家一级重点保护的鸟类有丹顶鹤、白鹳、白头鹤、大鸨、白尾海雕、金雕、中华秋鸭等 9 种，属国家二级重点保护的有大天鹅、小天鹅、灰鹤、白枕鹤、黑脸琵鹭、斑嘴鹈鹕等 43 种。据了解，国家一类保护鸟类丹顶鹤是 2004 年首次光临做客黄河口的，大约每年有 250 只左右。世界珍惜濒危鸟类——黑嘴鸥也在这里栖息繁衍。保护区也已加入"东亚——欧洲珍禽保护区网络"和"东北亚鹤类保护区网络"。

黄河口作为中国及全世界上重要的鸟类保护基地，是开展鸟类保护、科研、维护物种多样性和监测环境污染的重要场所。为确保黄河三角洲国

湿地是鸟类的乐园

家级自然保护区湿地安全，在这里启动了"湿地鸟类生态安全区系统"和黄河自然保护区湿地监测工程，实现了与香港观鸟协会的"联网"，组织了黄河口首次观鸟活动。

随着黄河三角洲地区生态环境的不断改善，黄河口湿地的鸟类不但增加，而且一些珍禽鸟类如东方白鹳、白天鹅、大鸨、白鹭、野鸭等也先后出现在内陆地区的环城水系、城市公园、水库、坑塘、稻田和黄河滩区内。

我国八大湿地区

我国湿地总面积为 6 594 万公顷，居亚洲第一位，仅次于俄罗斯、加拿大和美国，居世界第四位。湿地面积绝对量虽然很大，但人均占有湿地面积仅为 0.055 公顷，位于全球第 100 位以后。从湿地面积的构成来看，沼泽约为 1 197 万公顷，湖泊约为 910 万公顷，潮间带滩涂约为 210 万公顷，浅水海域 270 万公顷，水库水面 200 万公顷，稻田 3 800 万公顷。我国湿地中，人工湿地所占的比例相当大，约占 57.6%；天然湿地面积仅为 2 794 万公顷，其中的 80% 是淡水的。我国湿地分为八大湿地区。

东北湿地区位于黑龙江、吉林、辽宁省及内蒙古自治区东北部，以淡水沼泽和湖泊为主，总面积约为 750 万公顷。三江平原、松嫩平原、辽河下游平原，大小兴安岭山地、长白山山地等是我国淡水沼泽的集中分布区。

黄河中下游湿地区包括黄河中下游地区及海河流域，行政上涉及北京、天津、河北、河南、山西、陕西和山东。该区天然湿地以河流为主，伴随分布着许多沼泽、洼淀、古河道、河间带、河口三角洲等湿地。

长江中下游湿地区包括长江中下游地区及淮河流域，是我国淡水湖泊分布最集中和最具有代表性地区，行政上涉及湖北、湖南、江西、江苏、安徽、上海和浙江 7 省（市）。该区水资源丰富，农业开发历史悠久，为我国重要的粮、棉、油和水产基地，是一个巨大的自然—人工复合湿地生态系统。

滨海湿地

滨海湿地区涉及我国东南滨海的 11 个省（区、市），包括杭州湾以北环渤海的黄河三角洲、辽河三角洲、大沽河、莱州湾、无棣滨海、马棚口、北大港、北塘、丹东、鸭绿江口和江苏滨海的盐城、南通、连云港等湿地，杭州湾以南的钱塘江口—杭州湾、晋江口—泉州湾、珠江口河口湾和北部湾等河口与海湾湿地。

东南和南部湿地区包括珠江流域绝大部分、东南及台湾诸河流域、两广诸河流域的内陆湿地。行政范围涉及福建、广东、广西、海南、台湾、香港和澳门，主要为河流、水库等类型湿地。

云贵高原湿地区包括云南、贵州以及川西高山区，湿地主要分布在云南、贵州、四川省的高山与高原冰（雪）蚀湖盆、高原断陷湖盆、河谷盆地及山麓缓坡等地区。

西北干旱湿地区本区湿地可分为两个分区：一是新疆高原干旱湿地区，

主要分布在天山、阿尔泰山等北疆海拔 1 000 米以上的山间盆地和谷地及山麓平原—冲积扇缘潜水溢出地带；二是内蒙古自治区中西部、甘肃省、宁夏回族自治区的干旱湿地区，主要以黄河上游河流及沿岸湿地为主。

　　青藏高寒湿地区分布于青海省、西藏自治区和四川省西部等，地势高峻，环境独特，高原散布着无数湖泊、沼泽，其中大部分分布在海拔3 500 米—5 500 米之间。我国几条著名的江河发源于本区，长江、黄河、怒江和雅鲁藏布江等河源区都是湿地集中分布区。

青藏高寒湿地

　　气势雄伟的青藏高原是地球上海拔最高的高原，素有"世界屋脊"之称。青藏高原北起昆仑山、祁连山，南到喜马拉雅山，西起帕米尔高原，东至横断山脉。这里雪山连绵，景色壮观。青藏高原不仅有雄伟的雪山，纵横交错的河流，广阔的草场，还有人们即熟悉的高原湿地。

　　青藏高原独特的水源，复杂的地貌结构，使这里江河纵横。所以河流湿地在这里占有相当位置。我国的长江、黄河、怒江、澜沧江的源头都在这里。由于青藏高原谷地纵横，盆地陈列，这些巨大的负地貌空间为湖泊发育提供了优越条件。青藏高原的湖泊以成群分布为特点。因而青藏高原上就有了星罗棋布的湖泊湿地。青藏高原上湖泊总面积约 3 万多平方千米，约占全国湖泊总面积的 2/5。在青藏高原还分布着广袤无边的草丛湿地。草丛湿地是在河湖影响范围之外，地表水过湿或被水体覆盖，并以

湖泊湿地

草类为优势植物的湿地。草丛湿地在青藏高原分布极广，由于这些草本植物适应性强，所以它成为高原湿地的主体。在青藏高原湿地类型中，还有一个独特的家庭，那就是森林湿地。青藏高原森林湿地主要分布在藏东南地区。这里山势险峻，降雨量大，寒冷潮湿。这样的地势和气候，有利于森林湿地的发育。由于高原湿地的存在，才使高原万物竞生，充满了生物多样性。

青藏高原是我国湖泊分布最密集的地区之一。说青藏高原是湖泊湿地的世界毫不为过。据卫星遥感测算，面积一平方千米以上的湖泊就有 1 091 个，湖泊范围达 44 993.3 平方千米，成为地球上海拔最高范围最大的高原湖泊湿地景观。为什么青藏高原会形成如此丰富的湖泊湿地？专家们认为，青藏高原在板块碰撞中，南北强烈挤压，造成巨大的山系与盆地呈纬向排列。这些高原湖泊虽然水温较低，但仍然生长着茂盛的水生植物。有些植物还属于高原特有品种。由于寒冷，水中浮游物很少。青藏高原的湖泊有巨大的生态功能。湖水滋润了这里的生命。而有水就有沼泽。因而形成湖滨肥美的牧场。湖泊湿地同河流湿地一样，为高原一切生命提供了宝贵的淡水资源。在青藏高原有很多地方河流极少，主要淡水资源都来自湖泊。

高原湿地

在青藏高原发育有大片的森林湿地。森林湿地主要分布在我国藏东南的横断山脉。这种地貌属于高原温带向寒带过度的高山带，年平均温度较低。年降雨量700 ~ 1 800 多毫米。这里云冷杉特别广泛，林下潮湿，造成灌丛和藓类十分茂盛，这样就构成了较广泛的森林湿地。在森林湿地中，发育有各种类型。如云冷杉——泥炭藓类森林湿地。这种湿地特点是乔木下面有灌

木丛生，地面有藓被层。还有水柳湿地，主要分布在河流的沟谷出口带，树木生长繁茂。森林湿地的水也是多种多样的，有的在表层看不见，水蕴涵在苔藓层中，也有的水流呈薄层流过苔藓层，还有的流速较快，水在林中穿行而过。我国青藏高原藏东南地区大片的森林湿地构成这里良好生态环境。森林湿地能诱发降雨，能使空气过分潮湿，而这种潮湿环境有利于净化空气，提高大气质量。森林湿地的生态功能强大，它具有乔木、灌木、藓类多层结构，有着很高的生产力。森林湿地具有很大的生态稳定性，对防止生态退化起着十分重要的作用。

人们把湿地比喻为地球之肾，把森林喻为地球之肺。森林湿地就兼有肺和肾的两种功能。它为生物制造了大量氧气。吸收了二氧化碳，过滤了空气。同时又净化了水体，维护着地球生态网络的健康。所以说森林湿地贡献十分巨大。森林湿地具有独特的生物多样性。其植物种类丰富，从高等的针叶林到低等的苔藓，以及寄生、附生植物极为丰富。我国藏东南横断山脉的森林湿地在恶劣的第四纪冰期中曾是动植物的避难所。正是由于森林湿地涵养了水分，发挥着冷湿效应，才使高原湿地系统结构更加完善，功能更加强大。

各国对湿地的保护

湿地广泛分布于世界各地，是地球上生物多样性丰富和生产力较高的生态系统。湿地在抵御洪水、调节径流、控制污染、调节气候、美化环境等方面起到重要作用，它既是陆地上的天然蓄水库，又是众多野生动植物资源，特别是珍稀水禽的繁殖地和越冬地，它可以给人类提供水和食物。湿地与人类息息相关，是人类拥有的宝贵资源，因此湿地被称为"生命的摇篮"、"地球之肾"和"鸟类的乐园"。

为了保护湿地免遭工业化发展的破坏，保护动植物以及人类赖以生存

伦敦湿地中心

的生态系统，加强国家政府间合作保护和合理利用湿地，1971年2月在伊朗海滨城市拉姆萨尔，18个国家政府发起签署了《湿地公约》，目前缔约国已有142个国家，遍及全球各地。

英国在湿地保护利用上的一大经验是将城市附近荒废的老工业区改造成为湿地公园。伦敦湿地中心是世界上第一个建在大都市中心的湿地公园，距离白金汉宫只有25分钟车程。很少有人知道，这里曾经只是四个废弃的水库。在建设伦敦湿地中心的过程中，当地人始终抱着这样一个意识：湿地是一个生态系统。生态系统的建立和运作需要一定的时间，不能急于求成，因此这个湿地公园在建成8年后才对外开放。其间，科技人员定期监测生物的恢复状态，直到这里水草丰盈、树木繁茂。如今，这里已成为欧洲最大的城市人工湿地系统，种植了30多万株水生植物和3万多棵不同的树木，常年栖息和迁徙经过的鸟类达到180多种。

在欧美一些国家的湿地公园里，常常可以看到父母向小孩示意安静，因为旁边的那只小鸟正在睡觉呢！作为回报，公园也会开辟专门的区域供游客近距离接触湿地动植物。明尼阿波利斯是美国明尼苏达州最大的城市。该市

■ 图与文

湿地的特征最富有生物的多样性：物种的多样性是生物多样性的关键，它既体现了生物之间及环境之间的复杂关系，又体现了生物资源的丰富性。我们目前已经知道大约有200万种生物，这些形形色色的生物物种就构成了生物物种的多样性。

有一个著名的野生动物保护所,每年吸引大量游客,尤其是中小学生前来参观。游客可以亲自用小网兜等工具捕捞鱼虾和昆虫,在显微镜下观察并学习相关的生物知识。在日本琵琶湖湿地公园的体验区,游客可以伸手到水池里摸一摸鱼,捏一捏海参。在韩国安山市的湿地实验学校,学生们可以自己踩水车扬水,将水引入晒池晒盐,晒好的盐学生们可以自己带走。在学校附近的滩涂,工作人员还种上各种湿地常见的植物,让学生们辨识。

　　每年3月下旬,500多万只斑尾塍鹬都要从南半球的新西兰出发,一刻不停地飞抵北半球的中国、朝鲜和日本等国家的滩涂。它们在这里停歇约5周后,继续飞往美国阿拉斯加繁衍后代,之后再飞回新西兰。这趟超过35万千米的旅程跨越了22个国家和地区。只有这些国家和地区共同努力,这趟迁徙才能顺利完成。为此,澳大利亚、日本每年都会出资召开研讨会,供沿途的国家交流数据,共享资料。美国还为一些鸟装了价值5 000美元的小型卫星跟踪装置,并动用了3颗卫星进行全程监测,所得数据无偿提供给这22个国家和地区的相关组织。更重要的是,各个国家和地区都尽力保护沿途湿地,不轻易开发这些一年可能只被小鸟使用几周的湿地,大家深知一旦路途中的某块湿地受到破坏,这个跨越22个国家和地区的旅程就无法继续了。

■图与文

鸟类的乐园:在湿地内常年栖息和出没的鸟类有天鹅、白鹳、鹈鹕、大雁、白鹭、苍鹰、浮鸥、银鸥、燕鸥、苇莺、掠鸟等约200种。其中许多是国家一级保护鸟类。

　　我国于1992年3月加入《湿地公约》,并于2000年11月正式发布了《中国湿地保护行动计划》,于2004年2月通过了《全国湿地保护工程规划》(2004—2030年)。黄河中下游地区及海河流域涉及的北京、天津、河北、河南、山西、陕西和山东被列入黄河中下游湿地区。该区天然湿地以河流为主，伴随分布着许多沼泽、洼淀、古河道、河间带、河口三角洲等湿地。规划中提出了要加强该区域湿地水资源的保护和合理利用；湿地保护引起了我国政府的高度重视。

我国采取了不做破坏湿地工程的几种措施：一是土壤破坏是破坏湿地的一大因素。人类不合理使用土地，导致土壤的酸化与其他形式的污染，严重破坏了湿地内的生态环境。二是环境破坏。比如水污染、空气污染。这一类污染造成了水体营养化、石油泄漏污染等重大破坏，导致成千上万的水生物及鸟类的死亡。三是围湖、围海造田。这一类经济活动会直接地减少湿地面积。比如我国洞庭湖。当今洞庭湖面积与几百年前的面积形成鲜明对比。四是河流改道。这一类工程虽说会对农业生产做出贡献，也对防洪工作能起到巨大作用，但却影响了河流对湿地的水量补给作用。比如我国的一些河流截弯取直工程，就破坏了一些湖泊。

第六章

地球上的生物圈

地球上的生物圈是最大的生态系统，也是最大的生命系统。虽然地球上生物的种类浩繁如烟海，包括天上飞的、地上跑的、水中游的种种动物，还有各种各样的植物、微生物。因此，许多人都认为，地球上的任何地方都有生命。其实不然。地球上的生物只占据了地球薄薄的一层，这一层承载了全部生命及其活动的领域称为"生物圈"。

生物圈是最大的生态系统

生物圈的要领是由奥地利地质学家休斯在 1875 年首次提出的，是指地球上有生命活动的领域及其居住环境的整体。生物圈的生命活动促进了能量流动和物质循环，并引起生物的生命活动发生变化。生物要从环境中取得必需的能量和物质，就得适应环境；环境发生了变化，又反过来推动生物的适应性。这种反作用促进了整个生物界持续不断的变化。生物圈包括海平面以上约 10 000 米至海平面以下 10 000 米处，包括大气圈的下层，岩石圈的上层，整个土壤圈和水圈的大部分。但是，大部分生物都集中在地表以上 100 米到水下 100 米的大气圈、水圈、岩石圈、土壤圈等圈层的交界处，这里是生物圈的核心。

■ 图与文

生物圈主要由生命物质、生物生成性物质和生物惰性物质三部分组成。生命物质又称活质，是生物有机体的总和；生物生成性物质是由生命物质所组成的有机矿物质相互作用的生成物，如煤、石油、泥炭和土壤腐殖质等；生物惰性物质是指大气低层的气体、沉积岩、黏土矿物和水。

生物圈里繁衍着各种各样的生命。为了获得足够的能量和营养物质以支持生命活动，在这些生物之间，存在着吃与被吃的关系。"大鱼吃小鱼，小鱼吃虾米"。这句俗语就体现了这样一种简单的关系。但是，要维持整个庞大的生物圈的生命活动，这么简单的关系显然是不行的。生物圈自有它的解决办法。生物圈中的各种生物，按其在物质和能量流动中的作用，可分为生产者、消费者、分解者。生产者，主要是绿色植物，它能通过光合作用将无机物合成为有机物。消费者，主要指动物（人当然也包括在内）。有的动物直接以植物为生，叫做一级消费者，比如羚羊；有的动物则以植食动物为生，叫做二级消费者；还有的捕食小型肉食动物，被称做三级消费者。至于人，则是杂食动物。分解者，

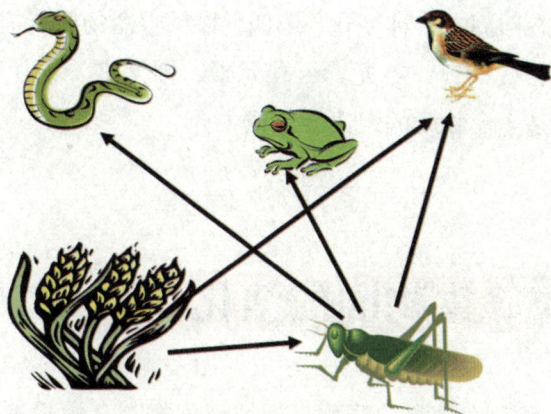

消费者与生产者

主要指微生物，可将有机物分解为无机物。这三类生物与其所生活的无机环境一起，构成了一个生态系统：生产者从无机环境中摄取能量，合成有机物；生产者被一级消费者吞食以后，将自身的能量传递给一级消费者；一级消费者被捕食后，再将能量传递给二级、三级……最后，当有机生命死亡以后，分解者将它们再分解为无机物，把来源于环境的再复归于环境。这就是一个生态系统完整的物质和能量流动。只有当生态系统内生物与环境、各种生物之间长期的相互作用下，生物的种类、数量及其生产能力都达到相对稳定的状态时，系统的能量输入与输出才能达到平衡；反过来，只有能量达到平衡，生物的生命活动也才能相对稳定。所以，生态系统中的任何一部分都不能被破坏，否则，就会打乱整个生态系统的秩序。总之，地球上有生命存在的地方均属生物圈。

生物圈是一个复杂的全球性的开放系统，是一个生命物质与非生命物质的自我调节系统。它的形成是生物界与水圈、大气圈及土圈长期相互作用的结果，生物圈存在的基本条件是：第一，必须获得来自太阳的充足光能。因一切生命活动都需要能量，而其基本来源是太阳能，绿色植物吸收太阳能合成有机物而进入生物循环。第二，要存在可被生物利用的大量液态水。几乎所有的生物全都含有大量水分，没有水就没有生命。第三，生物圈内要有适宜生命活动的温度条件，在此温度变化范围内的物质存在气态、液

101

态和固态三种变化。第四，提供生命物质所需的各种营养元素，包括氧气、二氧化碳、氮元素、碳元素、钾元素、钙元素、铁元素、硫元素等，它们是生命物质的组成元素或中介。

生物圈的演化

生物圈的演化是指地球生物圈在漫长地质年代所发生的变化。生物圈是地球上有生命存在的特殊圈层。它的演化是指生物进化和生物与环境相互作用的进化，以及由此引起的生物圈状况的进化。

当原始大气圈和原始水圈在早期地球上出现时，地球只是一个荒寂的、死气沉沉的世界。生命在原始海洋中出现以后，即参与了对大气圈和水圈的改造。原始蓝藻改变了大气的成分，为生命登陆做了最初的准备。经过漫长的演化，生物终于登上并占领了陆地，又进一步对岩石圈施加影响，从而促进了地球表面的万物更新，乃至逐步形成了分布于地球"三圈"之中的生物圈。生物圈中生命以其巨大的生命力占据了地球上的广阔空间，从炎炎赤道到寒冷的两极；从干旱的沙漠到蓝色的海洋；从土壤深层到海拔几千米的高空，山川、平原、江河、湖海，无处不

■图与文

这种原始的陆地植物，经过几千万年的进步，到泥盆纪，进化仍不大。水生植物登陆的先锋是裸蕨，看看它们在泥盆纪留下的大量化石是十分有趣的。这一类植物很细弱，它们的植物体像藻类。据科学家推断，它们的祖先是绿藻。从藻类到裸蕨类的过程中，生命进行了巨大的飞跃，它们在形态上和结构上尽管简单矮小，但相比之下已经大大进步了。成为繁荣起来的植物界的祖先。

有生命的足迹。但是，绝大多数的生物分布，却限于地球表面高度100米以内。当然也有"一代枭雄"可占领更高的空间或钻入更深的地下。如鹫鹰可扶摇直上7 000米；喜马拉雅山海拔6 000米处仍有一些绿色植物匆匆走过，每年留下它们的种子；甚至某些昆虫也可被气流带到22 000米的大气层；在5 000米的深海中可以找到乌贼，人类捕鱼的最深记录曾达8 350米；在深深的石油层，也有能耐受高达3 000大气压的微生物。然而，包括这些生物中的佼佼者，其生命活动的极限也只不过上达15—20千米高空，下至10千米的海底，这对于半径为6 000多千米的地球，如同是一只苹果的果皮。

生物圈的形成，主要经历了以下两个演化过程：

其一，生物种类由少到多，生物圈的结构由简单到复杂。进化论认为，最初的原始生命体是没有细胞结构的，经过长期演化，在结构和功能两方面进一步复杂化、完善化，才形成了有完备生命特征的细胞。但是比较原始的细胞还没有产生出明显的细胞核，这样的生物称为原核生物，如细菌、蓝藻等，它们的后代一直生活到现代。原核生物的进一步演化产生了有细胞核的真核生物，即原生生物。现代地球上，除细菌和蓝藻外绝大部分生物都是原生生物。

随着地理环境和原始生物的不断发展变化和通过生物间的生存斗争，原始单细胞生物在细胞的形态构造上发生进一步分化，导致了在营养生活方式上的大分化，于是一部分原始单细胞生物向动物界分化，它们不能从无机物制造有机物，而以消耗现成有机物来生活；另一部分原始单细胞生物逐渐产生了自己能够制造有机养料的能力，而向植物界发展。

原生生物、后生动物、后生植物的出现，使得生物种类更加丰富多样，生物圈的结构也由简单变得复杂。最初的生物圈仅仅由原核生物组成；原生生物出现以后，生物圈由原核生物和原生生物组成；而今天的生物圈，除了原核生物和原生生物以外，还有后生动物与后生植物。

其二，生物分布的空间范围由小到大与并由海洋向陆地扩展。生命诞生于海洋，在海洋中发展演化。太古代后期出现细菌，到了元古代后期，

始祖鸟

在海底已有大量的低等藻类繁殖了，同时出现单细胞动物。到古生代初期(寒武纪)，浅海广布，藻类繁盛，海生无脊椎动物得到了很大的发展。在太古代、元古代和古生代的早期，生物局限在海洋中，陆地上没有生物。

但到了古生代中期生物开始向陆地扩展。志留纪、泥盆纪，鱼类出现并兴盛一时，同时植物第一次登上了陆地，从此大地开始披上了绿装。古生代后期(石炭纪、二叠纪)，气候温湿，蕨类植物繁盛，裸子植物兴起，出现了大片森林；两栖类占着优势，爬行类动物兴盛。中生代气候炎热，苏铁、银杏、松柏类等裸子植物生长繁茂，形成高大的森林，后期被子植物出现，这时期爬行动物繁盛，恐龙称霸于世，原始哺乳类出现并繁盛起来。新生代距现在有 6500 万年的历史，气候开始变冷，进化程度比较高级的哺乳类、鸟类和被子植物大发展，其后灵长类出现。在新生代晚期，即第四纪时有人类出现，开始了人类发展的时代。

生态系统中的物质循环

生态系统的物质循环又称为生物地球化学循环，是指地球上各种化学元素，从周围的环境到生物体，再从生物体回到周围环境的周期性循环。能量流动和物质循环是生态系统的两个基本过程，它们使生态系统各个营养级之间和各种组成成分之间组织为一个完整的功能单位。但是能量流动和物质循环的性质不同，能量流经生态系统最终以热的形式消散，能量流动是单方向的，因此生态系统必须不断地从外界获得能量；而物质的流动

是循环式的，各种物质都能以可被植物利用的形式重返环境。同时两者又是密切相关不可分割的。

生物地球化学循环可以用库和流通率两个概念加以描述。库是由存在于生态系统某些生物或非生物成分中一定数量的某种化学物质所构成的。这些库借助于有关物质在库与库之间的转移而彼此相互联系，物质在生态系统单位面积（或体积）和单位时间的移动量就称为流通率。一个库的流通率（单位／天）和该库中的营养物质总量之比即周转率，周转率的倒数为周转时间。

生物地球化学循环可分为三大类型，即水循环、气体型循环和沉积型循环。水循环的主要路线是从地球表面通过蒸发进入大气圈，同时又不断从大气圈通过降水而回到地球表面，H 和 O 主要通过水循环参与生物地化循环。在气体型循环中，物质的主要储存库是大气和海洋，其循环与大气和海洋密切相关，具有明显的全球性，循环性能最为完善。属于气体型循

保持生态系统的平衡

环的物质有 O_2、CO_2、N、Cl、Br、F 等。参与沉积型循环的物质,主要是通过岩石风化和沉积物的分解转变为可被生态系统利用的物质,它们的主要储存库是土壤、沉积物和岩石,循环的全球性不如气体型循环明显,循环性能一般也很不完善。属于沉积性循环的物质有 P、K、Na、Ca、Ng、Fe、Mn、I、Cu、Si、Zn、Mo 等,其中 P 是较典型的沉积型循环元素。气体型循环和沉积型循环都受到能流的驱动,并都依赖于水循环。

生物地化循环是一种开放的循环,其时间跨度较大。对生态系统来说,还有一种在系统内部土壤、空气和生物之间进行的元素的周期性循环,称生物循环。养分元素的生物循环又称为养分循环,它一般包括以下几个过程:吸收,即养分从土壤转移至植被;存留,指养分在动植物群落中的滞留;归还,即养分从动植物群落回归至地表的过程,主要以死残落物、降水淋溶、根系分泌物等形式完成;释放,指养分通过分解过程释放出来,同时在地表有一积累过程;储存,即养分在土壤中的贮存,土壤是养分库,除 N 外的养分元素均来自土壤。

人类与生物圈

生物圈是目前人类和所有生物唯一的栖身之地。生物圈的规模极为有限,因此它所包含的资源也很有限,而所有物种都依赖于这些资源维持它们的生存。一些资源是可以更新的,另一些资源则是不可再生的。对任何物种而言,如果过分使用可更新资源,或是耗尽了不可再生的资源,都会导致自身的灭绝。许多已经灭绝的物种在地质记录上留下了它们的痕迹。与迄今仍然存诸于世的物种相比,它们的数量多得惊人。

生物圈的年龄不像它所包裹着的行星那样古老。它是在地壳冷却下来,原有的一部分气体变成液体和固体之后很久才形成的,我们可以把它称做地球的晕圈或锈迹。基本上可以肯定,它是太阳系中唯一的生物圈。当然,

图与文

生物圈最显著的特点，是它的体积相对来说很小，它所提供的资源也很稀少。通俗地说，生物圈是地球薄薄的一层。它的上限也就是飞机所能飞行的最高高度，下限就是工程技术人员在坚硬的地表之下所能挖掘到的深度。在这个范围内，生物圈的厚度与地球半径相比简直是微不足道的，就像是蒙在地球表面上的一层薄薄的皮肤。太阳的行星依各自的椭圆形轨道围绕太阳"旋转"，地球远不是其中最大的行星，也远不是距离太阳最远的行星。而且，我们这个太阳只是构成我们这个星系的无数太阳中的一个，我们这个星系也只是众多星系中的一个；随着望远镜视觉范围的扩大，我们知道的星系的数量越来越多。因此，与人们已经了解到的宇宙规模相比，生物圈的规模简直可以说是微乎其微。

太阳系与我们的生物圈一样，只是我们所了解到的这个宇宙的微不足道的一部分。也许除我们这个太阳以外，无数其他的太阳也有自己的行星，这些行星中，可能也有一些像我们这个行星一样，其围绕太阳旋转的距离，正适于在其表面生出一层生物圈。即使可能存在这样一些生物圈，也不能肯定它们会像我们的生物圈一样确实有生物存在。

生物圈是包括人类在内所有生物的家园。在这个家园中，生物适应环境而生活，繁衍生息，使生物圈变化万千，生机勃勃。生物在生活的过程中，互相发生着微妙的关系，并且无时不在影响着环境，尤其是人类的活动对环境有着极大的影响。人类只有真正认识人在生物圈中的位置，促进生物圈的稳定，才能更好的生存。作为生物圈内中的一员——人类，其生存必须依赖生物圈，衣食住行所需无一不是取自于生物圈。自古至今人类就自觉或不自觉地利用生物资源。生物资源是社会发展最基本的物质基础和生产要素。所以，人类与生物资源的关系就像鱼和水的关系。

生物资源抚育着人类，为人类提供了必要的生存条件。如果利用生物

地球是人与生物的共同家园

资源不合理，超出了它的承载量和支付能力，就会直接影响人类的生存和经济持续发展。人类活动对生物圈产生的消极影响日趋严重，不但威胁到人类和其他生物的生存，甚至影响整个生物圈。这些消极影响主要表现在环境污染和资源破坏两大方面。环境污染包括水污染、大气污染、噪音污染、土壤污染等。资源破坏主要是森林资源和土地资源的破坏。这些问题的出现都与人口过度增长有着很大关系，说明人口众多直接或间接威胁着包括人类在内的整个生物圈的稳定。尤其是近年来越来越严重的环境污染，造成区域性出现洪涝、干旱、异常气候、传染性疾病等现象，说明人类的生存问题的解决迫在眉睫。

因此，人类必须正视自己在生物圈中的地位，正视人与生物圈是和谐与共的关系。随着社会的进步和科技的发展，人类能够处理好与生物圈之间的关系，并意识到保护好环境就是保护人类自己。

生物的食物链

生物链指的是，由动物、植物和微生物互相提供食物而形成的相互依存的链条关系。这种关系在大自然中很容易看到。比如，有树的地方常有鸟，

有花草的地方常有昆虫。植物、昆虫、鸟和其它生物靠生物链而联系在一起，相互依赖而共存亡。生物链的例子常常就在我们身边，而且使人类受益非浅。

比如，植物长出的叶和果为昆虫提供了食物，昆虫成为鸟的食物源，有了鸟，才会有鹰和蛇，有了鹰和蛇，鼠类才不会成灾……当动物的粪便和尸体回归土壤后，土壤中的微生物会把它们分解成简单化合物，为植物提供养分，使其长出新的叶和果。就这样，生物链建立了自然界物质的健康循环。

植物为昆虫提供了食物

生物链也可以理解为自然界中的食物链，它形成了大自然中"一物降一物"的现象，维系着物种间天然的数量平衡。人类与大自然也通过食物链而连接着。人的食物主要来自植物和动物。而动植物是从自然环境中得到营养才生长而成的。如果这些动植物含有了来自环境污染的成分，人吃了就有危险。拿水产鱼类来说，如果自然界有了汞的污染，而土壤中的有些微生物可以把汞转变成有机汞，鱼类吃了这样的微生物就会把有机汞储存在身体中，而人吃了这样的鱼，汞就会进入人的神经细胞中，人就会得可怕的水俣

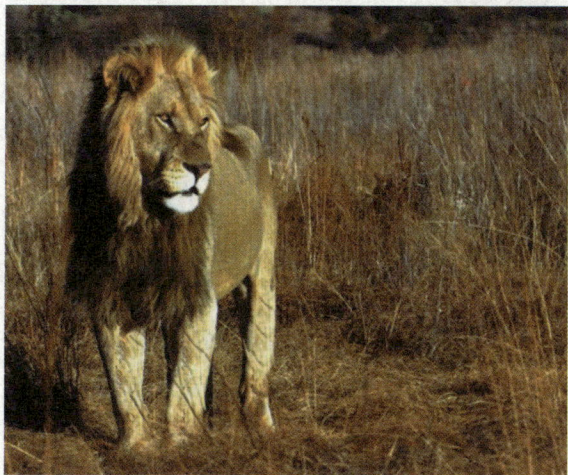

狮子处在生物链的终端

病。水俣病是人类污染环境，污染物最终通过食物链进入人体并严重伤害人的健康的最典型的例子。

自然界有相对平衡的生物链，即使被人类改造过的，如城市、乡村，甚至农田，在较长一段时间里，不去人为进行干涉、破坏，生物链也会逐渐趋于平衡。而且保持一定相对的时间。美国曾经有个地方草场挺繁茂，他们养了许多羊在那里放牧，可是总有一些虎狼常来这里吃他们的羊，当地人很生气，决心要把这些食肉动物猎杀，后来这些虎狼终于被他们猎杀完了，他们都很高兴，他们的羊繁殖的非常快，可惜的是，草场慢慢地被食光了，羊没得吃了，就慢慢地饿死了。另一件也是发生在美国的事。一个地方田鼠成灾，粮食大量减产。人们想尽了办法就是灭不了这些田鼠。后来他们从外地引来了蛇和猫头鹰，这些田鼠没费多大力气就被消灭了，粮食恢复了原来的产量……美国从这些教训中知道了生物链对自然界是多么的重要，每样的物种灭绝都可能影响到一系列的问题。

生物的主要分类

人类在很早以前就能识别物类，给以名称。汉初的《尔雅》把动物分为虫、鱼、鸟、兽4类：虫包括大部分无脊椎动物；鱼包括鱼类、两栖类、爬行类等低级脊椎动物及鲸和虾、蟹、贝类等；鸟是鸟类；兽是哺乳动物。这是中国古代最早的动物分类，四类名称的产生时期看来不晚于西周。这个分类，和近代林奈的六纲系统比较，只少了两栖和蠕虫两个纲。古希腊哲学家亚里士多德采取性状对比的方法区分物类，如把热血动物归为一类，以与冷血动物相区别。他把动物按构造的完善程度依次排列，给人以自然阶梯的概念。

17世纪末，英国植物学者雷曾把当时所知的植物种类，作了属和种的描述，所著《植物研究的新方法》是林奈以前的一本最全面的植物分类总

结；雷还提出"杂交不育"作为区分物种的标准。近代分类学诞生于18世纪，它的奠基人是瑞典植物学者林奈。林奈为分类学解决了两个关键问题：第一是建立了双名制，每一物种都给以一个学名，由两个拉丁化名词所组成，

汉初人们把动物分为虫、鱼、鸟、兽四类

第一个代表属名，第二个代表种名。第二是确立了阶元系统。林奈把自然界分为植物、动物和矿物三界；在动植物界下，又设有纲、目、属、种四个级别，从而确立了分类的阶元系统。每一物种都隶属于一定的分类系统，占有一定的分类地位，可以按阶元查对检索。林奈在1753年印行的《植物种志》和1758年第10版《自然系统》中首次将阶元系统应用于植物和动物。这两部经典著作，标志着近代分类学的诞生。

林奈相信物种不变。他的《自然系统》没有亲缘概念，其中六个动物纲是按哺乳类、鸟类、两栖类、鱼类、昆虫、蠕虫的顺序排列的。拉马克把这个颠倒了的系统拨正过来，从低级到高级列成进化系统。他还把动物区分为脊椎动物和无脊椎动物两类，并沿用至今。由于林奈的进化观点在当时没有得到公认，因而对分类学影响不大。直到1859年，达尔文的《物种起源》出版以后，进化思想才在分类学中得到贯彻，明确了分类研究在于探索生物之间的亲缘关系，使分类系统成为生物系谱——系统分类学由此诞生。

植物的自然分类法是以植物的形态结构作为分类依据、以植物之间的亲缘关系作为分类标准的分类方法。从生物进化的理论得知，种类繁多的

■ 图与文

达尔文进化论的确立及生物科学的发展，使人们逐渐认识到现存的生物种类和类群的多样性乃是由古代的生物经过几十亿年的长期进化而形成的，各种生物之间存在着不同程度的亲缘关系。分类学应该反映这种亲缘关系，反映生物进化的脉络。现代生物分类学研究生物的系统发育，特别强调分类和系统发育的关系。在研究分类的过程中，分类学家追求的是划分的分类单元应是"自然"的类群，提出的分类系统力求反映客观实际，也就是说要符合系统发育的原则。因为系统发育的亲缘关系是生物进化过程的实际反映。因此，研究各生物类群的分类学家，都把组建该类群的系统发育作为主要目标，以便在此基础上按照生物系统发育的历史，编制生物的多层次分类系统，即自然分类系统。

植物，实际上是大致同源的。物种之间相似程度的差别，能够显示出它们之间亲缘关系上的远近。判断植物之间的亲缘关系的方法，是根据植物之间相同点的多少。例如，菊花和向日葵在形态结构等方面有许多相同点，如它们都具有头状花序，花序下有总苞，雄蕊 5 枚，花药合生。于是就认为它们的亲缘关系比较接近；而菊花与大豆相同的地方就比较少，如大豆花是大小和形状都不相同的蝶形花瓣，二体雄蕊(花丝 9 枚合生，一枚离生)，于是就认为它们的亲缘关系比较疏远。近年来，随着科学的发展，植物的分类已经不仅以形态结构为依据，而且得到了生理学、生物化学、遗传学和古植物学等学科的密切配合。各国植物学家正在这方面继续展开深入的研究，以便使植物分类的方法更加完善。

动物的自然分类方法更加复杂，主要是根据同源性进行分类。分类学家必须考虑多种多样的特征，这些特征包括：结构、功能、生物化学、行为、营养、胚胎发育、遗传、细胞和分子组成、进化历史及生态上的相互作用。特征越稳定，在确定分类时就越有价值。

　　另一种分类方法是人为分类法，主要凭借人类对生物的某些形态结构、功能、习性、生态或经济用途的认识将生物进行分类，而不考虑生物亲缘关系的远近和演化发展的本质联系，因此所建立的分类体系大都属于人为分类体系。例如，将生物分为陆生生物、水生生物；草本植物、木本植物；粮食作物、油料作物等。另外，16世纪我国李时珍(1518—1593)在他的《本草纲目》一书中将植物分为五部，即草部、谷部、菜部、果部和木部；将动物也分为五部，即虫部、鳞部、介部、禽部和兽部；人另属一部，即人部。又如，亚里士多德根据血液的有无，把动物区分为有血液的动物和无血液的动物两大类，等等。

第七章

地球上的岩石圈

人类之所以在地球这个行星上生存、繁衍和发展，就是由于在地球上有一个适合于人类生存的自然环境系统。这个自然环境系统，包括了大气圈、水圈、生物圈和岩石圈。

岩石圈是地球最外层平均厚度约 100 千米的带有弹性的坚硬岩石。由地壳和上地幔顶部组成。岩石圈下面是软流圈。岩石圈可分为 6 大板块：欧亚板块、太平洋板块、美洲板块、非洲板块、印度—大洋洲板块、南极洲板块。另外还有一些较小板块镶嵌其间。岩石圈的厚度因地而异。一般而言，大陆地壳的岩石圈厚度大于海洋地壳的岩石圈厚度，但是其具体厚度至今仍存在争议。

岩石圈的发现过程

从 18 世纪开始科学考察深入地下，通过地震波记录获得的地球物理资料揭示固体地球是由不同圈层构成的。人们认识到地球不是一个均质体，地球在其曲折动荡的 46 亿年里形成了一套包括地核、地幔和地壳在内的复杂系统。地球圈层分为地球外圈和地球内圈两部分。地球外圈有大气圈、水圈、生物圈和岩石圈四个部分；地球内圈进一步划分为地幔圈、外核圈和内核圈三个基本圈层。此外在地球外圈和地球内圈之间还存在一个软流圈，它是一个过渡圈层，位于地面以下平均深度约 150 千米处。岩石圈、软流圈和地球内圈一起构成了固体地球。

地球岩石圈

岩石圈是巴雷尔于 1914 年根据板块理论提出的地球圈层概念。岩石圈包括地壳和上地幔的上部。岩石圈厚度不均一，大洋部分在洋中脊的最新部分只有 6 ~ 8 千米，在最老部分则有 100 千米；大陆岩石圈厚一些，大都在 100 ~ 400 千米之间。岩石圈厚度和地球的半径比较，几乎可以忽略不计。由于地壳和上地幔顶部都是由岩石组成的，所以地质学家们把它们统称为岩石圈。

地壳是地球表面的构造层，只占地球体积的 0.8%。据其性质可分大陆地壳和大洋地壳。地壳和地幔之间以莫霍面分界。大陆地壳一般厚度为 33 ~ 35 千米。我国青藏高原是世界上地壳厚度最大的地区之一，平均厚度达 70 千米。大陆地壳覆盖地球表面的 45%，化学组成以硅铝质为特点。大洋地壳极薄，从上到下由三部分组成：海洋沉积物层平均厚度约 300 米（洋中脊附近几乎为零）；镁铁质火成岩层以玄武岩和辉长岩为主，厚度为 1.7 ± 0.8 千米；海洋层主要是地幔顶部水化作用形成的蛇纹岩，厚度为 4.8 ± 1.4 千米。洋壳的厚度、年龄随距洋中脊的距离加大而变厚、变老。洋壳和陆壳在岩石组成上最明显的区别在于大洋地壳中至今没有发现花岗岩层，而在大陆地壳中花岗岩体却有大面积分布。

地幔是位于地球金属地核之外的巨厚硅酸盐圈层，占地球体积的 82%。地幔由于受到放射性同位素衰变的加热，引起地幔内部的大规模物质对流，通常认为板块运动就是由这一对流驱动的。地幔与地核的分界面为古登堡面。地幔厚约 2 800 千米，分为上地幔和下地幔两部分。上地幔主要由橄榄岩类组成，下地幔是由密度高的铁镁氧化物组成。软流圈是巴雷尔和岩石圈同时提出的地球圈层概念。它位于上地幔低速层之下至过渡层上部。软流层温度较高，刚性较弱，能够长期缓慢变形，相对低温的、刚性的岩石圈可作为一个整体漂流在软流圈之上。1915 年，德国地球物理学家魏格纳提出了大陆漂移学说。到 20 世纪 60 年代，板块构造学说问世。认为连续的地震活动带把岩石圈分裂分割成若干个大小不同的板块在软流圈上漂移。实际上，不仅大陆板块在漂移，大洋板块也在漂移。科学家们在古气候、古生物、古地磁和深海钻探等方面都找到了大陆飘移的证据。

岩石圈可分为 6 大板块：欧亚板块、太平洋板块、美洲板块、非洲板块、印度 – 大洋洲板块、南极洲板块。还有一些较小板块镶嵌其间。板块边界有 4 种类型：海岭洋脊板块发散带、岛孤海沟板块消减带、转换断层带和大陆碰撞带。

地壳中含有化学元素周期表中所列的绝大部分元素，而其中 O、Si、Al、Fe、Ca、Na、K、Mg 等 8 种主要元素占 98% 以上，其他元素共占 1%~2%。地壳中化学元素的平均含量相差极为悬殊。氧几乎占有一半，硅约占 1/4，铝约占 1/13，而大多数元素的含量是微不足道的。这些微量元素，其含量也十分悬殊，有些还是超微量的。对于整个岩石圈的原子组成来说，氧占

60.4%，硅占 20.5%，铝占 6.2%，氢占 2.9%，钠占 2.49%，铁、钙、镁和钾分别占 1.9%、1.88%、1.77% 和 1.37%，其他元素含量都小于 1%。

岩石圈的物质循环

地表形态的形成是岩石圈物质循环的结果。岩浆岩是由地壳内部上升的岩浆侵入地壳或喷出地表冷凝而成的，又称火成岩。岩浆主要来源于地幔上部的软流层，那里温度高达 1 300℃，压力约数千个大气压，使岩浆具有极大的活动性和能量，按其活动又分为喷出岩和侵入岩。

未达到地表的岩浆冷凝而成的岩石叫侵入岩，深层侵入岩颗粒较粗。浅层侵入岩颗粒细小或大小不均。喷出岩是在岩浆喷出地表的条件下形成，温度低，冷却快，常成玻璃质、半晶质或隐晶质结构，具有气孔、流纹等构造等。岩浆岩常见的如在地壳中分布很广的中粗粒结构的侵入岩——花岗岩，气孔构造发育，黑色致密的玄武岩，流纹构造显著的酸性喷出岩——流纹岩等。

沉积岩是地面即成岩石在外力作用下，经过风化、搬运、沉积固结等沉积而成的，其主要特征是：①层理构造显著；②沉积岩中常含古代生物遗迹，经石化作用即成化石；③有的具有干裂、孔隙、结核等。常见的沉积岩有：直径大于 3 毫米的砾和磨圆的卵石及被其它物质胶结而形成的砾

火山爆发

岩；由 2 毫米到 0.05 毫米直径的砂粒胶结而成的砂岩；由颗粒细小的粘土矿物组成的页岩；由方解石为其主要成分、硬度不大的石灰岩等。

变质岩是岩浆岩或沉积岩在变质作用下形成的一类新岩石。和前两类岩石主要区别是变质岩属重结晶的岩石，颗粒较粗，不含玻璃质和有机质的残体。其主要特征是：①有的具有片理（片状）构造如片岩；②有的呈片麻构造（未形成片状），岩石断面上看到各种矿物成带状或条状等，如花岗片

被风化的地貌

麻岩；③有的呈板状构造，颗粒极小，肉眼难辨，如板岩。常见的变质岩是由方解石或白云石重新经过结晶而成的大理岩，由页岩和黏土经过变质而形成原解理状的板岩，由片状、柱状岩石组成的片岩，多由沉积岩和岩浆岩变质而成的片麻岩，由砂岩变质而成的石英岩等。

利用不同物理性质所估计的岩石圈厚度可能具有不同的地球动力学意义。大陆岩石圈等效弹性厚度往往只与岩石圈内部的某些岩层相关，因此它可能不代表一般意义上的岩石圈厚度。地震学岩石圈厚度虽然有较高的精度，但依赖于人为地对岩石圈的定义；并且其具有的短时间尺度效应决定了它与长时间尺度的岩石圈概念不一致。热学岩石圈厚度体现了长时间尺度上的岩石圈热学作用，因此其厚度定义的标准是较合理的。地震－热学岩石圈厚度研究，是利用地震波速反演得到的温度数据，按照热学岩石圈标准来对岩石圈厚度进行的，具有地震学和热学岩石圈厚度两者的优点，是较合理的对岩石圈厚度的估计。

我国地震—热学岩石圈厚度分布有如下特点：其一，我国东部岩石圈较薄，厚度约 100 千米，其中包括我国东北、中朝克拉通、扬子克拉通东部和华南造山带；其二，青藏高原和塔里木克拉通以南地区的厚度变化较

大，厚度约在 160～220 千米；其三，三大克拉通的岩石圈厚度有较大区别，扬子克拉通的核心最厚达约 170 千米，塔里木克拉通的核心厚度约 140 千米，中朝克拉通的厚度约 100 千米；其四，昆仑秦岭造山带的岩石圈上地幔内部较复杂，可能有大面积的部分熔融；其五，整个大陆岩石圈厚度分布并没有显示出与地壳年龄的线性相关关系，却表现出了与大地构造格局的直接关系。受板块碰撞强烈影响的地区，岩石圈较厚；受大洋俯冲带影响较强的地区，岩石圈较薄。

岩石圈的组成

人类生活和生产活动的最主要场所，是在岩石圈表层。目前，社会、经济、技术的大量活动，普遍是在地表至地下几十、几百米的深度之内，采矿活动的深度，可深入地壳 5 千米，超深钻探的深度，已超过了 10 千米。从地表到人类活动所达到深度内的这部分岩石圈，与人类社会的关系最为密切。从地资资源来讲，岩石圈主要由矿物和岩石组成。

矿物是人类生产资料和生活资料的重要来源之一，是构成地壳岩石的物质基础。自然界的矿物很多，约有 3 000 种，最常见的只有五六十种，至于构成岩石主要成份的不过二三十种。组成岩石主要成份的矿物，称造岩矿物，它们共占地壳重量的 99%。最常见的造岩矿物有下列几种：

长石是构成地壳的最主要的一类矿物，常见于火成岩、沉积岩和变质岩中。具瓷状光泽，摩氏硬度为 6，二向完全解

长 石

理。解理呈正交者为正长石，多为肉红色；解理呈斜交者称斜长石，多为浅灰白色。由于长石晶体构造中容许大量的离子置换，因而有多种类型。如斜长石中的钠和钙可以完全置换，故产生了从钠斜长石至钙斜长石的一系列种类和成分的变化。

石英在大陆地壳中的数量仅次于长石，亦常见于各类岩石中。成分简单，无解理，贝壳状断口，具典型的玻璃光泽，硬度 7，性硬，比重 2.5~2.8。石英在自由生长时结晶成六面锥体，但在结晶岩中因晶体发育受空间限制，皆呈不规则形状。石英性质稳定，难于风化。

云母假六方柱状或板状晶体，通常呈片状或鳞片状，单向极完全解理，易剥成具有弹性的光滑透明薄片；玻璃及珍珠光泽，硬度 2~3，成分复杂多样，常见的有黑云母、白云母和金云母，在酸性岩浆岩、砂岩和变质岩中常见。

角闪石成分复杂多变，常见的一种为普通角闪石，呈长柱状或条状，暗绿至黑色，硬度 5.5~6，比重 3.1~3.3，二向完全解理呈彼此斜交，性脆；在中性和酸性岩浆岩和某些变质岩中常见。

辉石成分与角闪石近似，但含铁镁较多而不含羟离子。其中常见的为普通辉石，呈短柱状，二向中等解理呈彼此正交，绿黑色，硬度 5~6，比重 3.2~3.6；常与角闪石、橄榄石、某些斜长石等共生，在基性和超基性岩浆岩中常见。

橄榄石粒状，橄榄绿色，玻璃光泽，硬度 6.5~7，性脆；为超基性岩和基性岩的主要组成矿物。

上述造岩矿物又可归纳为两种类型：一为长英质（或浅色）矿物，包括石英、长石和白云母，其色浅，比重较轻，含铁镁少；一为铁镁质（或深色）矿物，包括橄榄石、辉石、角闪石和黑云母，其色深，比重较大，富含铁镁而得名。两者共占地壳重量的 80% 多。此外，其他常见的造岩矿物有方解石、白云石和各种黏土矿物，它们是某些沉积岩的主要造岩矿物。

岩石是在各种地质作用下，按一定方式结合而成的矿物集合体，是构成地壳及地幔的主要物质。岩石是地质作用的产物，又是地质作用的对象，是研究各种地质构造和地貌的物质基础。岩石中矿物的结晶程度、颗粒大岩石的变质作用：无论什么岩石，当其所处的环境与当初岩石形成时的环境发生变化后，岩石的成分、结构和构造等往往也要随之变化，以便使岩石和环境之间达到新的平衡关系。这种由地球内力作用引起的岩石性质的变化过程总称为变质作用。由变质作用形成的岩石，就是变质岩。变质岩的特点，一方面受原岩的控制，而具有一定的继承性；一方面由于变质作用的类型和程度不同，而在矿物成分、结构和构造上具有一定的特征性。

小和形状以及颗粒间相互关系的特征，称为岩石的结构。岩石中矿物的组合形状、大小和空间上相互关系和配合方式，称为岩石的构造。结构和构造是识别岩石的重要特征之一。根据成因，岩石可分为三大类：火成岩、沉积岩和变质岩。如果根据变质母岩的性质，把变质岩归属于沉积岩和火成岩，那么在整个地壳的岩石组成中，火成岩占95%，而沉积岩只占到5%；但沉积岩却覆盖了整个地球表面的75%，火成岩却只覆盖了地球表面的25%。

目前，一般认为火成岩由两类岩石组成。一类是岩浆作用形成的岩浆岩；另一类是非岩浆作用形成的。火成岩以岩浆岩为主。岩浆岩是由岩浆凝结形成的岩石，约占地壳总体积的65%。

沉积岩暴露在地壳表部的岩石，在地球发展过程中，不可避免地要遭受到各种外力作用的剥蚀破坏，然后再把破坏产物在原地或经搬运沉积下来，再经过复杂的成岩作用而形成的岩石，就是沉积岩。沉积岩的形成过程一般可分：先成岩石的破坏（风化作用与剥蚀作用）、搬运作用、沉积作用和固结成岩作用几个互相衔接的阶段。沉积物变为沉积岩的过程既复杂又多样。

我国大陆岩石圈结构特征

我国大陆岩石圈结构比较复杂，具有若干不同于世界其他地区的特点。

在东经105°左右，有一条近南北向的分界带，把中国大陆区域地球物理场分为东、西两大场区。这是一条大的重力梯度带和地壳厚度陡变带，也是一条地震活动带和重要的地质、地貌分界带。地质、地球物理特征显示，这个带可能是印度板块与太平洋板块同中国大陆相互作用的中和地带。

我国大陆岩石圈具有明显的层块结构，反映了地壳、上地幔及软流圈纵向、横向的不均一性。至少可以分为准噶尔－松辽、塔里木、华北、青藏、华南5大块体，相邻块体之间多以缝合带或大型断裂带为界。这些块体在地壳厚度与结构，地球物理场特点，均衡程度及物质组成等方面，都存在着明显的差异。准噶尔－松辽、塔里木和华南块体比较稳定，速度分层清晰，具双层结构；华北和青藏块体比较活动，速度分层不清晰，高速层、低速层相间分布。

中国大陆地壳具有明显的3层结构或多层结构。上地壳由沉积盖层和结晶基底组成，中地壳主要为花岗质岩层，下地壳为玄武质岩层。各块体地壳厚度、速度分层互有差异。华南地壳平均速度最高达6.3~6.4千米/秒，速度分层清晰，一般不见低速层，地壳厚度30~45千米；华北地壳平均速度6.2~6.3千米/秒，速度分层不清晰，部分地区出现低速层，平均地壳

我国大陆岩石圈特征

■ 图与文

大陆岩石圈厚度不均：我国整个大陆各个块体岩石圈厚度变化都较大。总的变化趋势是西厚东薄，南厚北薄。青藏高原一般 120 ~ 140 千米，而且自南向北逐渐增厚。中部鄂尔多斯盆地至四川盆地，厚度 100 ~ 110 千米。我国东部新生代地壳拉张地区，岩石圈变薄，东部海域一般 60 ~ 70 千米；松辽平原、华北平原一般为 80 千米，但东、西部山区可达 120 千米；华南从沿海的 80 千米，向西递增到 160 千米，湖南中部达 200 千米。

厚度 35 ~ 46 千米；青藏地壳（见青藏高原地质）平均速度最低，为 6.1 ~ 6.3 千米/秒，上地壳普遍存在低速层，部分地区中地壳存在另一个低速层，在雅鲁藏布江南北壳内分层复杂，地壳厚度一般 60 ~ 70 千米，最厚达 78 千米。

在我国大陆存在 4 个地壳厚度缓变区和 8 条地壳厚度陡（递）变带。4 个地壳厚度缓变区多与现代的盆地、高原和平原地区相对应。①甘新地壳厚度缓变区，包括准噶尔、塔里木、河西走廊、甘肃北山等地区，地壳厚度 50 千米左右。②青藏地壳厚度缓变区，喜马拉雅山与昆仑山之间青藏高原内部广大地区，大致呈近东西向展布，地壳厚度 70 千米左右。③中部地壳厚度缓变区，北起海拉尔盆地、内蒙古中部，向南经鄂尔多斯、山西中西部，直抵四川盆地、云贵高原，呈北北东方向展布，地壳厚度 38 ~ 40 千米。④东部地壳厚度缓变区，北起松辽平原及其以东山地，向南经华北平原、江汉平原，延伸到华南地区，亦呈北北东向延展，地壳厚度 33 ~ 35 千米。

8 条地壳厚度陡变带多与高大山系相对应，它们是：①阿尔泰地壳厚度陡变带；②天山地壳厚度陡变带；③昆仑 - 祁连地壳厚度陡变带；④喜马拉雅地壳厚度陡变带；⑤贺兰 - 龙门地壳厚度陡变带；⑥兴安 - 太行 - 武陵地壳厚度陡变带；⑦东南沿海地壳厚度陡变带；⑧台东地壳厚度陡变带。

第八章
地球的卫星——月球

地球有唯一的一颗卫星——月球，环绕地球运行。月球，俗称月亮，旧称"太阴"，是一颗距离地球最近、且被人们了解得最多的天体。地球人至今唯一到过的天体就是月球。月球与地球一样有壳、幔、核等分层结构。最外层的月壳平均厚度约为 60 ~ 65 千米。月壳下面到 1 000 千米深度是月幔，它占了月球的大部分体积。月幔下面是月核，月核的温度约为 1 000 度，很可能是熔融状态的。月球直径约 3 474.8 千米，大约是地球的 1/4。

月球是个静寂的星球

　　每当夜幕降临，一轮明月升上夜空，清澈的月光洒满大地，总会让人产生无数的联想。唐代大诗人李白"举头望明月，低头思故乡"的名句，几乎人人会背。月亮是一颗球状的天然卫星，俗称月亮，也是离地球最近的天体，与地球相距约 38 万千米。平时我们见到的月亮感觉和太阳差不多大，但实际上月亮比太阳小得多。

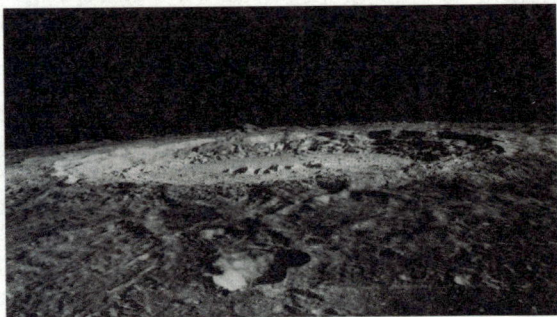

月球环形山

　　月球表面既无大气，也无水分，没有风霜雪雨，没有江河湖海，更不要说鸟语花香的生命现象了。一句话，月球是个静寂的星球。但是，这并不意味着月面上什么变化都没有发生过，它表面的辉光现象就是一例。月球表面有时突然出现某种发光现象，甚至还有颜色变化，这些"月面暂现"现象，说明月球表面经常变化不断，引起了天文学家们的兴趣和关注。

　　1958 年 11 月 3 日凌晨，前苏联科学家柯兹列夫在观测月球环形山的时候，发现阿尔芬斯环形山口内的中央峰，变得又暗又模糊，并发出一种从未见过的红光。两个多小时之后，他再次观测这片区域时，山峰发出白光，亮度比平常几乎增加了一倍，第二夜，阿尔芬斯环形山才恢复原先的面目。

　　柯兹列夫认为，他所观测到的是一次比较罕见的月球火山爆发现象。他说，阿尔芬斯环形山中央峰亮度增加的原因，在于从月球内部向外喷出了气体，至于开始时山峰发暗和呈现出红色，那是因为在气体的压力下，火山灰最先冲出了火山口。

柯兹列夫的观点遭到了一些人的反对，其中包括一些颇有名望的天文学家。他们承认阿尔芬斯环形山的异常现象是存在的；但认为不能解释为通常的火山爆发，而是月球局部地区有时发生的气体释放过程。在太阳光的照耀下，即使是冷气体也会表现出柯兹列夫所注意到的那些特征。

早在 1955 年，柯兹列夫就在另一座环形山——阿利斯塔克环形山口，发现过类似的异常发亮现象，他曾怀疑那是火山喷发。1961 年，柯兹列夫又在阿利斯塔克环形山中央观测到了他熟悉的异常现象，不同的是，光谱分析明确证实这次所溢出的气体是氢气。

我们称之为"环形山"的"疤痕"形成于距今 38 到 41 亿年前。科学家印证，"肇事者"就是宇宙中的岩石。现在，虽然这些"疤痕"让月球的"脸蛋"坑坑洼洼，但是它们并不会受到很多侵蚀，主要有两个原因：其一，月球的地质活动并不活跃，因此这里不会像地球那样频繁发生大地震、火山爆发等，从而导致地形地貌的大变动。其二，由于月球几乎没有大气层，也就没有风和雨，因此表面侵蚀作用就很少发生。

月球表面的环形山通常指碗状凹坑结构的坑。这些布满月球表面的大大小小圆形凹坑，称为"月坑"，大多数月坑的周围环绕着高出月面的环形山。月面上最大的环形山为月球南极附近的"贝利

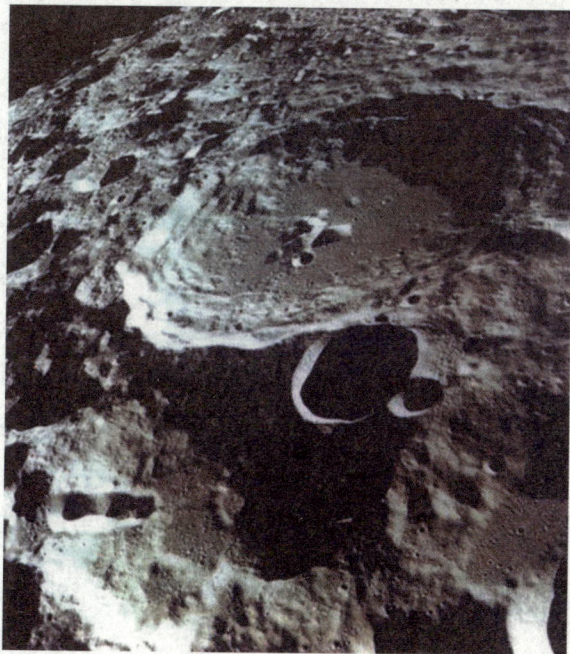

月 陆

环形山"，直径达 295 千米。小的月坑直径只有几十厘米甚至更小。直径大于 1 000 米的月坑总数达到了 33 000 个以上。其中大的直径超过 100 千米，占月面的 7%—10%。月球背面的环形山更多。环形山大多数以著名天文学家或其他学者的名字命名，月球背面的环形山中，有六座分别以我国古代天文学家名字命名。

2007 年 10 月 24 日，我国首颗月球探测卫星"嫦娥一号"从西昌卫星发射中心腾空而起，在经过近 20 天的飞行后，准确进入环月工作轨道。此后不久，"嫦娥一号"对月球的背面进行了探测，发现那里与月球正面有着明显的不同：月球背面的月陆(也称高地)分布面积广，没有大型的月海盆地，只有三个较小的月海；而月球的正面则拥有月球 90% 的月海。除此之外，月球背面几乎没有明显的山脉；正面山脉较多，如阿尔卑斯山、亚平宁山等。

月面上高出月海的地区称为月陆，一般比月海水准面高 2—3 千米，由于它反照率高，因而看来比较明亮。在月球正面，月陆的面积大致与月海相等。但在月球背面，月陆的面积要比月海大得多。从同位素测定知道月陆比月海古老得多，是月球上最古老的地形特征。

在月球上，除了犬牙交差的众多环形山外，也存在着一些与地球上相似的山脉。月球上的山脉常借用地球上的山脉名，如阿尔卑斯山脉，高加索山脉等，其中最长的山脉为亚平宁山脉，绵延 1 000 千米，但高度不过比月海水准面高三四千米。山脉上也有些峻岭山峰，过去对它们的高度估计偏高。现在认为大多数山峰高度与地球山峰高度相仿。月球上的山脉有一普遍特征：两边的坡度很不对称，向海的一边坡度甚大，有时为断崖状，另一侧则相当平缓。

除了山脉和山群外，月面上还有四座长达数百千米的峭壁悬崖。其中三座突出在月海中，这种峭壁也称"月堑"。

月球的旋转

月球绕地球公转的同时，它本身也在自转。月球的自转周期和公转周期是相等的，即1∶1，月球绕地球一周的时间为也就是它自转的周期。地球和月亮都是逆时针旋转自西向东，角速度基本一致。

人们总是只看到月球的半边脸，并认为月球没有自转运动。事实恰好相反，这个现象正好表明了月球有自转运动。这是因为月球的自转方向和周期与它公转相同所致，天文学上称这种自转叫"同步自转"。"同步自转"几乎是卫星世界的普遍规律。一般认为是行星对卫星长期潮汐作用的结果。月球总是一面向着地球，这只是近似的说法。实际上，我们可以看到59%的月面积。这是月球公转速度不均匀造成的，使我们能多看到9%的月面积。

由于月球绕地球公转的方向与地球自转的方向是一致的，但是地球自转比月球公转要快一点，所以月球公转一周还赶不上地球转到同一位置的速度，虽然速度差得不多，只有约48分钟，但是将近一个月积累下来，就差了两天多时间了。所以地球上同一地点看到月相变化要比月球自转周期慢。

因为同时月球还随着地球一起绕太阳公转，月相变化是在地球上看到的月亮被太阳照射的部分，因此与地球公转有关。打个极端的例子，假如月球与地球位置相对固定，也不自转，那么地球带着月球绕太阳一圈，月相也会变化一周。

月球公转与自转的周期完全相同，是27.32日。至于月相变化的周期（朔望月），则要长一些，约29.5306日。其原因在于我们看到月相的变化是日、地、月三者位置，而不是地、月两者位置变化造成的。以太阳为基准，一个朔望月中，月亮从太阳的位置恰好再次转到太阳的位置。当然，这是地月系

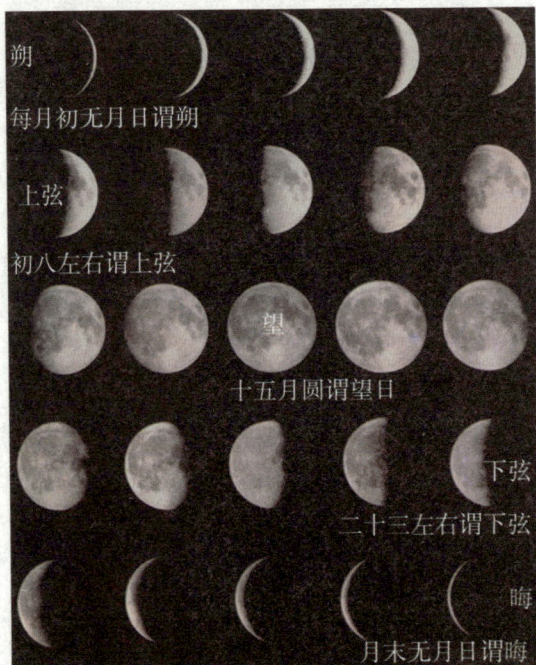

朔

每月初无月日谓朔

上弦

初八左右谓上弦

望

十五月圆谓望日

下弦

二十三左右谓下弦

晦

月末无月日谓晦

朔望月

在围绕太阳公转造成的。

在月球上，一昼夜大约等于一个月。为什么月球的自转周期这么长呢？这是由于地球对月球的引潮力长期作用的结果。地球的引潮力使月球向着地球的方向上隆起（潮汐），当月球自转时，月球隆起部分受到地球的引力，仍然保持朝向地球，这种转动方向和月球自转方向相反，这种作用叫潮汐摩擦。潮汐摩擦力在很长时期内不断作用着，逐渐使月球的自转变慢，直到隆起部分永远朝向地球，这时月球的自转周期等于月球的公转周期。

农历每个月的初一左右，月亮运行到了地球与太阳之间，光亮的一面正好背对着地球，我们看不到它。这时的月相叫"新月"或"朔"。新月过后，月亮渐渐从地球与太阳中间走出来，我们能看见一个弯弯的月牙，这时的月相叫"娥眉月"。到了农历初八左右，随着月亮与太阳位置的变化，我们能够看到像英文字母"D"一样的半月，这种月相叫"上弦月"。此后，月亮一天天圆润起来，这时叫"凸月"。到了农历十五左右，月亮光亮的部分完全对着地球，我们看到的是圆圆的月亮。这时的月相叫"望月"或"满月"。

满月之后，月亮因与太阳位置的变化，逐渐"消瘦"起来，经过凸月、下弦月、残月后，又重新回到新月的位置。月亮经过这样一个周期的变化，就是一个"朔望月"。我国农历的天数就是根据朔望月制定的。其实，满月之前的娥眉月、上弦月、凸月和满月之后的凸月、下弦月、残月是两相对应的，它们两两的形状差不多，只是圆缺的位置发生了变化。

月亮上的奇妙现象

月亮是太阳系中第五大的卫星，虽然它的表面非常黑暗，但它仍是天空中除了太阳之外最亮的天体。规律性的月相变化，自古以来就对人类文化，如语言、历法、艺术和神话等产生重大影响。

月食是一种奇妙的自然现象。古时候，人们不懂得月食发生的科学道理，对月食也心怀恐惧。国外有人传说，16世纪初，哥伦布航海到了南美洲的牙买加，与当地的土著人发生了冲突。哥伦布和他的水手被困在一个墙角，断粮断水，情况十分危急。懂点天文知识的哥伦布知道这天晚上要发生月全食，就向土著人大喊，"再不拿食物来，就不给你们月光！"到了晚上，哥伦布的话应验了，果然没有了月光。土著人见状诚惶诚恐，赶快和哥伦布化干戈为玉帛。这当然只是个传说。

月食可分为月偏食、月全食及半影月食三种。当地球运行到月球和太阳之间时，太阳光正好被地球挡住，不能射到月球上去，月球上就出现黑影，这种现象就是"月食"。太阳光全部被地球挡住时，叫做"月全食"；部分被挡住时，叫"月偏食"。月全食发生时，地球背对着太阳的一面（处于夜间那面）上的居民都能看到这种现象。月食过程的时间比日食要长，单月全食阶段就可长达1小时。

月食都是从月球的左边开始的，月全食的全过程可分为初亏、食既、食甚、生光、复圆五个阶段。

初亏：月球与地球本影第一次外切，标志月食开始。

食既：月球的西边缘与地球本影的西边缘内切，月球刚好全部进入地球本影内，月全食开始。

月　食

食甚：月球的中心与地球本影的中心最接近，月全食到达高峰。

生光：月球东边缘与地球本影东边缘相内切，这时全食阶段结束。

复圆：月球的西边缘与地球本影东边缘相外切，这时月食全过程结束。

由于白道和黄道有一个角度，因此月球并不是每个月都会转到地球的影子中，不可能月月都出现月食现象。月食出现的时间是不定的，一年大约会发生一两次。如果第一次月食是在一月份，那么这一年就有可能发生三次月食。有时一年一次月食都没有，而且这种情况常有，大约每隔五年，就有一年没有月食。据观测资料统计，每世纪中半影月食、月偏食、月全食所发生的百分比约为36.60%、34.46% 和 28.94%。

很多人都见过日环食，却没有听说过"月环食"。"月环食"是根本不可能发生的，因为地球的直径是月球的 4 倍，即便是在月球的轨道上，地球本影的直径仍是月球的 2.5 倍。地球的影子完全挡住了阳光，所以就不可能有"月环食"。

没有水的月海

像地球表面结构特征一样，月球表面主要分两大构造单元，即月海和月陆。

月球表面共有 22 个月海，向着地球的月球正面有 19 个，背面有 3 个。

月海虽叫做"海",但徒有虚名,实际上它滴水不含,只不过是较平坦的比周围低洼的大平原,它的表层覆盖类似地球玄武岩那样的岩石,即月海玄武岩。月球正面的月海面积约占半球面积的50%,背面的月海面积只占那半个球面的2.5%。大多数月海呈闭合的环形结构,周围被山脉包围着,山与海的形成有密切关系,月球质量瘤就与这类月海相对应。正面的月海多数是互相沟通的,形成一个以雨海为中心的更大的环形结构。背面的月海少,而且小,同时,都是独立存在、没有互通的。月背中央附近没有月海。月背有一些直径在500千米左右的圆形凹地,称为类月海。正面没有类月海。月海主要由玄武岩填充。根据月海的这些特征,科学家们可进一步考查月海是如何形成的。

早在19世纪末,美国地质学家吉尔伯特就注意到月海的特征。他首先提出雨海的形成问题。他认为雨海是典型的环形月海。它是由外来的巨大陨石撞击在月面上,将月球内部岩浆诱出,大量岩浆漫布月面,而破碎的陨石物质及月面物质被抛向四周,形成环形月海。这就是吉尔伯特提出的"雨海事件"。据计算,这次事件的"肇事"陨石直径约20千米,它以每秒2.5千米的速度撞击月面。对月球考察的许多事实支持了吉尔伯特的观点,这也就是月海形成的外因论。美国"阿波罗14号"载入飞船的着陆点,就选在雨海事件的喷射堆积物——弗拉·摩洛地区上。从这里采集的岩石样品几乎都有遭受过冲击和热效应的明显特点。雨海的面积约88.7万千米^2,比我国青海省稍大一点。在22个月海中,雨海面积仅次于风暴洋,居第二位。它和风暴洋、澄海、静海、云海、酒海和知海构成月海带。从地形的角度看,它是封闭的圆环形,四周群山环抱,属典型的盆地构造。从地势的角度看,

月球上盛名的东海盆地

133

雨海地区非常复杂，极为壮观。

它囊括了月面构造的诸多方面。因此，雨海区域很早就引起了天文学家们的兴趣。

从月海形成的外因论看，天文学家又找到一个最有说服力的典型冲击盆地，它就是享有盛名的东海盆地。东海盆地主要在月球背面，直径约1 000千米。它的中央区是东海，东海直径约250千米。人造月球卫星拍下了清晰的东海和东海盆地的照片，充分显示出东海外围有三层山脉包围，形成巨大的环形构造区。

与此同时，也有些科学家认为，环形月海是月球自身演化的产物。他们根据月海玄武岩年龄鉴定，推知月海玄武岩有5次喷发。大致时间是在距今39亿年前至31亿年前之间。月海形成的先后次序为：酒海—澄海—湿海—危海—雨海—东海。

然而，上述提到的只是假说，还没有形成定论。月海到底是如何形成的呢？还有待进一步研究。

月面上的辐射纹

月面上有月海、月谷、环形山等地形构造，但最耐人寻味的秘密之一，是一些较"年轻"的环形山周围常带有美丽的"辐射纹"。所谓辐射纹，指的是从一些较大的环形山，像第谷、哥白尼、开普勒等环形山，向四面八方延长开去的亮线状构造。它几乎以笔直的方向穿过山系、月海和环形山。第谷环形山的辐射纹特别引人注目，至少有12条，而且在满月时看起来非常明亮，最长的一条长1 800千米，一直延伸到月背部分。哥白尼和开普勒两个环形山也有相当美丽的辐射纹。部分小环形山也有辐射纹。据统计，具有辐射纹的环形山有50个。

迄今还没有一个人能够确切地说清楚这些辐射纹最初是怎么形成的，

或者阐述明白它们究竟是由什么东西组成的。实质上，它与环形山的形成理论有密切联系。一般都是这样认为的：陨星撞击月面而形成环形山的同时，把原先在环形山口内的一部分物质向四面八方溅射开去，而后回落到月面，形成辐射纹。

我们可以做个简单的实验。在一张黑纸上，放上一小堆白粉末，用钢匙的背部突然猛击粉末堆中央，你会看到粉末溅射并落在四周，这情景与辐射纹的形成也许有点相像。

月面辐射纹

由于月球上没有空气、没有风来干扰落在环形山周围的那些溅落物，它们能一直原封不动地保持着当初形成时的模样。

另一种观点则认为，陨星袭击月面而形成环形山时，把原先在月球表面以下的、轻而带色彩的物质，从环形山口向外抛出而成为辐射纹。陨星撞击而产生高温和类似爆炸那样的现象，于是把月球物质溶化为玻璃质那样的东西。玻璃质粒子比较容易反射光线，同时也可以比较容易地解释为什么辐射纹的亮度随着月相的变化而变化。

在满月时，用望远镜即可清楚地看到辐射纹。辐射纹宽度一般为数千米，长度都超过数百千米，成为月面的一道风景。

人类的第一次登月

1959年1月，前苏联成功发射了人类首枚月球探测器，由此拉开了人类登月的序幕。

1969年7月16日，巨大的土星5火箭（约40层楼房高）在百万人的关注下缓缓升空。这一天，天空晴朗，万里无云，似乎亘古沉睡的月球正静静等待着"土星5"运送地球使者的来访。当"土星5"把"阿波罗11号"飞船送入近地轨道后，后者便开始独自飞向月球。

人类首次登月

"阿波罗"飞船上载有三名航天员，指令长是尼尔·阿姆斯特朗，登月舱驾驶员是埃德温·奥尔德林，指令舱驾驶员是迈克尔·柯林斯。从地球到月球大约有38万千米，"阿波罗11号"飞船上载着三名航天员经过75小时的长途跋涉，于19日进入月球引力圈。20日清晨，"阿波罗"到达月球上空4 900千米后，接到休斯敦飞行指挥中心命令，减速飞行，进入月球轨道，于是飞船服务舱发动机逆向喷射，进入了远月点313千米、近月点113千米的椭圆轨道；此时飞船绕月球一圈只需两小时。在月球轨道上，航天员们紧张地进行登月前的准备工作，其中最主要的一项是阿姆斯特朗和奥尔德林进入名叫"鹰"的登月舱，而柯林斯则仍留在称作"哥伦比亚"的指令舱中。

　　伟大的时刻终于来临了。21日2时许，登月舱的发动机被点燃，使它与指令舱分离。指令舱由柯林斯驾驶继续绕月飞行，而登月舱则载着两名航天员缓慢向月球飞行。当阿姆斯特朗看到窗外要降落的地方有乱七八糟的卵石时，便决定继续飞行，寻找平坦的地方。最后奥尔德林手控登月舱在月面"静海"的一角平稳降落，登月获得成功。

　　他俩向窗外眺望，进入眼帘的是一个遍布陨石坑和大石块的陌生世界。虽然他俩都情不自禁地想走出去看一下这块神秘的地外之地，但还是自我克制地按预定计划，等待地面中心指令。他们先在舱内美美地睡了一大觉，醒后在舱内吃了月球上的第一顿饭，又检查了舱内仪器、燃料装置、氧气供应情况。当一切都经过精确无误地核对后，阿姆斯特朗与奥尔德林彼此帮助穿上登月服。

　　7月21日11时56分，阿姆斯特朗打开登月舱舱门，挤出去，小心翼翼地放下梯子，竖在月面上，他带着电视摄像机慢慢走下梯子，踏上了人们为之梦想了数千年的月球，这时他说："对我来讲这是一小步，而对于全人类而言这又是何等巨大的飞跃。"19分钟后，奥尔德林紧步阿姆斯特朗的后尘，走出登月舱。当他走到月面上时，第一句话就赞叹说："啊，太美了！"他也像阿姆斯特朗一样，很快学会了地球人不习惯的移动方法：跳跃。他俩时而用单脚蹦，时而又用双脚跳，有些像袋鼠。两人首先在月球上放置了一块金属纪念牌，上面镶刻着："1969年7月。这是地球人在月球首次着陆的地方。我们代表全人类平安地到达这里。"

　　7月22日下午1时56分，阿姆斯特朗奉命指挥"阿波罗"—11飞船指令舱离开月球轨道，带回月球的岩石样品、土壤样品和照片踏上返回地球的旅途。7月25日清晨1时50分，"阿波罗"—11飞船指令舱载着三名航天英雄平安降落在太平洋中部海面；人类首次登月宣告圆满结束。

月球对地球的影响

　　月球是地球的唯一卫星，对地球具有引潮力的作用。科学家已经研究证实，月球引潮力对地球的天气气候以及地震有影响。

　　月球引潮力能使地球自转轴的倾斜角保持稳定，从而使地球的气候相对稳定。如大家所知，月球和地球作为两个不同的天体，相互之间具有引力作用，现在地球自转轴的倾斜角变化在 5 度以内。但是如果没有月球，地球自转轴的倾斜角会以数百万年为一周期由 0 ~ 50 度变化，地球气候因而也会大幅度变化，最终将使地球成为生物无法生存的环境。月球引潮力还会掀动大气，形成所谓的"气潮"。"气潮"可以影响气压和天气，比如满月时的气压就往往较低。古希腊人认为新月两头发红连续三个夜晚，就要当心发生风暴。美国大气研究中心也发现，全美国最厉害的暴风雨发生在新月后 1 ~ 3 天或月圆后的 3 ~ 5 天。

　　月圆之夜地球天气还会稍许变暖。这是美国亚利桑那州立大学的气候学专家通过分析气象卫星的观测结果后发现的。在过去的 15 年间，气象卫星精确测定了月光照射后产生的地球表面温度的细微变化，结果发现满月时地球的平均气温上升了 0.017 摄氏度。实际上，月球本身并不发光，它是通过对太阳光的反射向地球传送热量的，满月之际亮度最高，此时照射到地面上的月光大约携带着每平方米 0.0102 瓦的热量。

　　美国科学家研究指出，在太阳系最初形成时，月球即受到地球的牵引而为它的卫星，而月球在被扯到靠近地球的过程中，曾经对地球产生了极大的影响。当月球接近地球时，地球表面的海洋出现强烈的潮汐起伏。这种起伏所引起的巨大摩擦力，使地球温度剧增，导致地心熔化。地心的岩浆在高温及高牵引力的作用下，出现旋转式的滚动，其结果产生了磁场。这个"超巨"的磁场，对地球形成了一个"保护盾"，减少了来自太空

的宇宙射线的侵袭；地球上生物得以生存滋长。

科学家已经就潮汐对地震的影响进行了很长时间的研究，但到目前为止，还没有人论证过它对全球范围的影响效果。以前只发现在海底或火山附近，地震与潮汐

月照可加快新陈代谢：据考证，在月照下，植物生长的速度快、长得好，特别是对于几厘米高、发牙不久的植物，如向日葵、玉米等最有利，当花枝因损伤出现伤口时，月亮还能清除伤口中那些不能再生长的纤维组织，加快新陈代谢，使伤口愈合。

才呈现出比较清楚的联系。研究者发现，地震的发生与断面层潮汐压力处于高度密切相关，猛烈的潮汐在浅断面层施加了足够的压力从而会引发地震。当潮汐越大，则发生地震的可能性越大；而潮汐越小，发生的地震的可能性就越少。

如果没有月亮，地球会变得非常严酷。没有月亮的话，太阳和其他行星的引力力矩会使得地球自转轴发生摆动，并且倾斜到极端的程度。科学家认为，有如此大而且近的月亮的存在，预示着适合生命存在的条件是非常罕见的。

人造地球卫星

地球对周围的物体有引力的作用，因而抛出的物体要落回地面。但是，抛出的初速度越大，物体就会飞得越远。牛顿在思考万有引力定律时就曾设想过，从高山上用不同的水平速度抛出物体，速度一次比一次大，落地点也就一次比一次离山脚远。如果没有空气阻力，当速度足够大时，物体

人造地球卫星

就永远不会落到地面上来，它将围绕地球旋转，成为一颗绕地球运动的人造地球卫星，简称人造卫星。

人造卫星是发射数量最多，用途最广，发展最快的航天器。1957年10月4日，苏联发射了世界上第一颗人造卫星。之后，美国、法国、日本也相继发射了人造卫星。我国于1970年4月24日发射了东方红1号人造卫星，截止2011年底我国共成功发射80多颗不同类型的人造卫星。

人造卫星一般由专用系统和保障系统组成。专用系统是指与卫星所执行的任务直接有关的系统，也称为有效载荷。应用卫星的专用系统按卫星的各种用途包括：通信转发器、遥感器、导航设备等。科学卫星的专用系统则是各种空间物理探测、天文探测等仪器。技术试验卫星的专用系统则是各种新原理、新技术、新方案、新仪器设备和新材料的试验设备。保障系统是指保障卫星和专用系统在空间正常工作的系统，也称为服务系统。主要有结构系统、电源系统、热控制系统、姿态控制和轨道控制系统、无线电测控系统等。对于返回卫星，则还有返回着陆系统。

人造卫星的运动轨道取决于卫星的任务要求，区分为低轨道、中高轨道、地球同步轨道、地球静止轨道、太阳同步轨道、大椭圆轨道和极轨道。人造卫星绕地球飞行的速度快，低轨道和中高轨道卫星一天可绕地球飞行几圈到十几圈，不受领土、领空和地理条件限制，视野广阔。能迅速与地面进行信息交换、包括地面信息的转发，也可获取地球的大量遥感信息，一张地球资源卫星图片所遥感的面积可达几万平方千米。

在卫星轨道高度达到35 800千米，并沿地球赤道上空与地球自转同一方向飞行时，卫星绕地球旋转周期与地球自转周期完全相同，相对位置保

持不变。此卫星在地球上看来是静止地挂在高空的，称为地球静止轨道卫星，简称静止卫星。这种卫星可实现卫星与地面站之间的不间断的信息交换，并大大简化地面站的设备。目前绝大多数通过卫星的电视转播和转发通信是由静止通信卫星实现的。

人造卫星的运行轨道（除近地轨道外）通常有三种：地球同步轨道、太阳同步轨道、极轨轨道。地球同步轨道是运行周期与地球自转周期相同的顺行轨道。但其中有一种十分特殊的轨道，叫地球静止轨道。这种轨道的倾角为零，在地球赤道上空 35 786 千米。地面上的人看来，在这条轨道上运行的卫星是静止不动的。一般通信卫星、广播卫星、气象卫星选用这种轨道比较有利。地球同步轨道有无数条，而地球静止轨道只有一条。

太阳同步轨道是轨道平面绕地球自转轴旋转的，方向与地球公转方向相同，旋转角速度等于地球公转的平均角速度（360 度 / 年）的轨道，它距地球的高度不超过 6 000 千米。在这条轨道上运行的卫星以相同的方向经过同一纬度的当地时间是相同的。气象卫星、地球资源卫星一般采用这种轨道。

极地轨道是倾角为 90 度的轨道，在这条轨道上运行的卫星每圈都要经过地球两极上空，可以俯视整个地球表面。气象卫星、地球资源卫星、侦察卫星常采用此轨道。

前苏联第一颗人造地球卫星的发射成功，揭开了人类向太空进军的序幕，大大激发了世界各国研制和发射卫星的热情。美国于 1958 年 1 月 31 日成功地发射了第一颗"探险者"–1 号人造卫星。该星重 8.22 公斤，锥顶圆柱形，高 203.2 厘米，直径 15.2 厘米，沿近地点 360.4 千米、远地点 2 531 千米的椭圆轨道人造卫星 1 号内部绕地球运行，轨道倾角 33.34″，运行周期 114.8 分钟。发射"探险者"–1 号的运载火箭是"丘辟特"四级运载火箭。

法国于 1965 年 11 月 26 日成功地发射了第一颗"试验卫星"–1（A–1）号人造卫星。该星重约 42 公斤，运行周期 108.61 分钟，沿近地点 526.24 千米、远地点 1 808.85 千米的椭圆轨道运行，轨道倾角 34° 24″。发射 A1 卫星的运载火箭为"钻石"，tA 号三级火箭，其全长 18.7 米，直径 1.4 米，起飞重量约 18 吨。日本于 1970 年 2 月 11 日成功地发射了第一颗人造卫星"大隅"号。该星重约 9.4 公斤，轨道倾角 31.07 度，近地点 339 千米，远地点 5 138 千米，运行周期 144.2 分钟。发射"大隅"号卫星的运载火箭为"兰达"-45 四级固体火箭，火箭全长 16.5 米，直径 0.74 米，起飞重量 9.4 吨。第一级由主发动机和两个助推器组成，推力分别为 37 吨和 26 吨；第二级推力为 11.8 吨；第三、四级推力分别为 6.5 吨和 1 吨。

中国于 1970 年 4 月 24 日成功地发射了第一颗人造卫星"东方红"1 号。该星直径约 1 米，重 173 公斤，沿近地点 439 千米、远地点 2 384 千米的椭圆轨道绕地球运行，轨道倾角 68，5"，运行周期 114 分钟。发射"东方红"1 号卫星的远载火箭为"长征"1 号三级运载火箭，火箭全长 45 米，直径 2.25 米，起飞重量 81.6 吨，发射推力 112 吨。

英国于 1971 年 10 月 28 日成功地发射了第一颗人造卫星"普罗斯帕罗"号，发射地点位于澳大利亚的武默拉火箭发射场，运载火箭为英国的黑箭运载火箭。近地点 537 千米，远地点 1 593 千米。该星重 66 公斤，主要任务是试验各种技术新发明，例如试验一种新的遥测系统和太阳能电池组。它还携带微流星探测器，用以测量地球上层大气中这种宇宙尘高速粒子的密度。

除上述国家外，加拿大、意大利、澳大利亚、德国、荷兰、西班牙、印度和印度尼西亚等也在准备自行发射或已经委托别国发射了人造卫星。1957 年 10 月 4 日，苏联发射了第一颗人造地球卫星。这一事件具有划时代的意义，它宣告人类已经进入空间时代。第一颗人造地球卫星呈球形，直径 58 厘米，重 83.6 公斤。它沿着椭圆轨道飞行，每 96 分钟环绕地球一圈。

我国第一颗人造卫星"东方红 1 号"

人造地球卫星内带着一台无线电发报机，不停地向地球发出"滴—滴—滴"的信号。一些人围着收音机，侧耳倾听着初次来自太空的声音。另一些人则仰望天空，试图用肉眼在夜晚搜索人造地球卫星明亮的轨迹。但是，当时认识很少有人了解人造地球卫星是载人宇宙飞船的前导，科学家正在加紧准备载人空间飞行。一个月后，1957 年 11 月 3 日，苏联又发射了第二颗人造地球卫星，它的重量一下增加了 5 倍多，达到 508 千克。这颗卫星呈锥形，为了在卫星上节省出位置增设一个密封生物舱，不得不把许多测量仪器移到最末一节火箭上去。在圆柱形的舱内安然静卧着一只名叫"莱卡依"的小狗。小狗身上连接着测量脉搏、呼吸、血压的医学仪器，通过无线电随时把这些数据报告给地面。为了使舱内空气保持新鲜清洁，还安装了空气再生装置和处理粪便的排泄装置。舱内保持一定的温度和湿度，使小狗感到舒适。另外还有一套自供食装置，一天三次定时点亮信号灯，通知莱依卡用餐。使人遗憾的是，由于当时技术水平的限制，这颗卫星无法收回，试验狗在卫星生物舱内生活了一个星期，完成全部实验任务后，只好让它服毒自杀，成为宇航飞行中的第一个牺牲者。

第九章
地球大气层

地球大气层，又称大气圈，因重力关系而围绕着地球的一层混合气体，是地球外部的气体圈层，包围着海洋和陆地。大气圈没有确切的上界，在离地表 2 000 千米的高空仍有稀薄的气体。大气层的成分主要有氮气，占 78.1%；氧气占 20.9%；氩气占 0.93%；还有少量的二氧化碳、稀有气体（氦气、氖气、氪气、氙气、氡气、氦气）和水蒸气。大气层的空气密度随高度而减小，越高空气越稀薄。

地球上的大气压力

　　地球表面覆盖着一层厚厚的由空气组成的大气层。在大气层中的物体，都要受到空气分子撞击产生的压力。可以认为，大气压力是大气层中的物体受大气层自身重力产生的作用于物体上的压力。

　　由于地心引力作用，距地球表面近的地方，地球吸引力大，空气分子的密集程度高，撞击到物体表面的频率高，由此产生的大气压力就大。距地球表面远的地方，地球吸引力小，空气分子的密集程度低，撞击到物体表面的频率也低，由此产生的大气压力就小。因此在地球上不同高度的大气压力是不同的，位置越高大气压力越小。此外，空气的温度和湿度对大气压力也有影响。在物理学中，把纬度为45°海

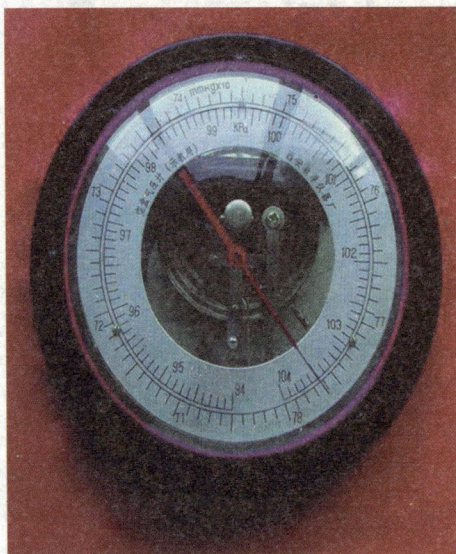

水银气压计

平面（即海拔高度为零）上的常年平均大气压力规定为 1 标准大气压（atm）。此标准大气压为一定值。其值为 1 标准大气压 =760 毫米汞柱 =1.033 工程大气压 =1.0133×10 的 5 次方帕 =0.10133MPa。

　　大气压力的产生是地球引力作用的结果。由于地球引力，大气被"吸"向地球，因而产生了压力，靠近地面处大气压力最大。气象科学上的气压，是指单位面积上所受大气柱的重量（大气压强），也就是大气柱在单位面积上所施加的压力。气压的单位有毫米和毫巴两种：以水银柱高度来表示气

压高低的单位，用毫米 (mm)。例如气压为 760 毫米，就是表示当时的大气压强与 760 毫米高度水银柱所产生的压强相等。另一种是天气预报广播中经常听见的毫巴 (mb)。它是用单位面积上所受大气柱压力大小来表示气压高低的单位。1 毫巴 =1 000 达因 / 平方厘米 (1 巴 =1 000 毫巴)。因此，1 毫巴就表示在 1 平方厘米面积上受到 1 000 达因的力。气压为 760 毫米时相当于 1 013.25 毫巴，这个气压值称为一个标准大气压。

气压是随大气高度而变化的。海拔愈高，大气压力愈小；两地的海拔相差愈悬殊，其气压差也愈大。大气柱的重量还受到密度变化的影响。空气的密度愈大，也就是单位体积内空气的质量愈多，其所产生的大气压力也愈大。由于大气的质量愈近地面愈密集，愈向高空愈稀薄，所以气压随高度的变化值也是愈靠近地面愈大。例如在低层，每上升 100 米，气压便降低约 10 毫巴；在 5 ~ 6 千米的高空，每上升 100 米，气压降低约 7 毫巴；而到 9 ~ 10 千米的高空，每上升 100 米，气压便只降低约 5 毫巴。

气压无时无刻不在变化。在通常情况下，每天早晨气压上升，到下午气压下降；每年冬季气压最高，每年夏季气压最低。但有时候，如在一次寒潮影响时，气压会很快升高，但冷空气一过气压又会慢慢降低。

地球的大气层

地球的整个大气层随高度不同表现出不同的特点，分为对流层、平流层、中间层、暖层和散逸层，再上面就是外气层了。

对流层在大气层的最低层，紧靠地球表面，其厚度大约为 10 至 20 千米。对流层的大气受地球影响较大，云、雾、雨等现象都发生在这一层内，水蒸气也几乎都在这一层内存在。这一层的气温随高度的增加而降低，大约每升高 1 000 米，温度下降 5 ~ 6℃。动、植物的生存，人类的绝大部分活动，也在这一层内。因为这一层的空气对流很明显，故称对流层。正因对流层是大气层中湍流最多的一层，喷射客机大多会飞越此层顶部用以避开影响飞行安全的气流。

对流层的特点如下：①温度随高度的增加而降低。这是因为该层不能直接吸收太阳的短波辐射，但能吸收地面反射的长波辐射而从下垫面加热大气。因而靠近地面的空气受热多，远离地面的空气受热少。每升高1km，气温约下降6.5度。②空气对流。因为岩石圈与水圈的表面被太阳晒热，而

大气对流层可形成雨雾霜雪

热辐射将下层空气烤热，冷热空气发生垂直对流，又由于地面有海陆之分、昼夜之别以及纬度高低之差，因而不同地区温度也有差别，这就形成了空气的水平运动。③温度、湿度等各要素水平分布不均匀。大气与地表接触，水蒸气、尘埃、微生物以及人类活动产生的有毒物质进入空气层，故该层中除气流做垂直和水平运动外，化学过程十分活跃，并伴随气团变冷或变热，水汽形成雨、雪、雹、霜、露、云、雾等一系列天气现象。

对流层以上是平流层，大约距地球表面20至50千米。平流层的空气比较稳定，大气是平稳流动的，故称为平流层。在平流层内水蒸气和尘埃很少，并且在30千米以下是同温层，其温度在-55℃左右，温度基本不变，在30千米至50千米内温度随高度增加而略微升高。这里基本上没有水汽，晴朗无云，很少发生天气变化，适于飞机航行。在20～30千米高处，氧分子在紫外线作用下，形成臭氧层，像一道屏障保护着地球上的生物免受太阳紫外线及高能粒子的袭击。

平流层以上是中间层，大约距地球表面50至85千米，这里的空气已经很稀薄，突出的特征是气温随高度增加而迅速降低，空气的垂直对流强烈。

中间层顶附近的温度约为190度；空气分子吸收太阳紫外辐射后可发生电离，习惯上称为电离层的D层；有时在高纬度地区夏季黄昏时有夜光云出现。该层主要由氮气和氧气组成，几乎没有臭氧。该层的60～90千米高度上，有一个只有在白天出现的电离层，叫做D层。

中间层以上是暖层，大约距地球表面100至800千米。暖层最突出的特征是当太阳光照射时，太阳光中的紫外线被该层中的氧原子大量吸收，因此温度升高，故称暖层。在这两层内，经常会出现许多有趣的天文现象，如极光、流星等。

散逸层在暖层之上，为带电粒子所组成。该层特点是：①层中的氮气、氧气和氧原子气体成分，在强烈的太阳紫外线和宇宙射线作用下，已处于高度电离状态，所以称作"电离层"。其中100～120千米间的E层和200～400千米间的F层，以及介于中间层和暖层之间，只在白天出现，高度大致为80千米的D层，电离程度都较强烈。电离层的存在，对反射无线电波具有重要意义。人们在远方之所以能收到无线电波的短波通讯信号，就是和大气层有此电离层有关。②气温随高度增加而增加。在300千米高度时，气温可达1 000℃以上，虽然比铅、锌、锡、锑、镁、钙、铝、银等金属的熔点可能还要高，但由于这里空气稀薄并不会真的感到很热。电离层从离地面约50千米开始一直伸展到约1 000千米高的地球高层大气空域。

除此之外，还有两个特殊的层，即臭氧层和电离层。臭氧层距地面20至30千米，实际介于对流层和平流层之间。这一层主要是由于氧分子受太阳光的紫外线的光化作用造成的，使氧分子变成了臭氧。电离层很厚，大约距地球表面80千米以上。电离层是高空中的气体，被太阳光的紫外线照射，电离层是由带电荷的正离子和负离子及部分自由电子形成的。

有人认为，大气层的上界可能延伸到离地面6 400千米左右。据科学家估算，大气质量约6 000万亿吨，差不多占地球总质量的百万分之一。由于地磁场的保护作用，使得大气层在太阳风及宇宙高能射线流的刮蚀作用下得以保存。

自然状态下，大气是由混合气体、水汽和杂质组成的。除去水汽和杂质的空气称为干洁空气。干洁空气的主要成分为 78.09% 的氮，20.94% 的氧，0.93% 的氩。这三种气体占总量的 99.96%，其它各项气体含量计不到 0.1%，这些微量气体包括氖、氦、氪、氙等稀有气体。在近地层大气中上述气体的含量几乎可认为是不变化的，称为恒定组分。在干洁空气中，易变的成分是二氧化碳、臭氧等，这些气体受地区、季节、气象以及人类生活和生产活动的影响。正常情况下，二氧化碳含量在 20 千米以上明显减少。

通常把 1 000 千米之内，即电离层之内作为大气的高度，即大气层厚 1 000 千米。

地球的外层空间

地球的外层空间，亦称外太空、宇宙空间，简称外空或太空，指的是地球大气层及其它天体之外的虚空区域。与真空有所不同的是，外层空间含有密度很低的物质，以等离子态的氢为主。其中还有电磁辐射、磁场等。理论上，外层空间可能还包含暗物质和暗能量。

外层空间与地球大气层并没有明确的边界，因为大气随着海拔增加而逐渐变薄。国际航空联合会定义在 100 千米的高度为卡门线，为现行大气层和太空的界线定义。美国认定到达海拔 80 千米的人为宇航员，在航天器重返地球的过程中，120 千米是空气阻力开始发生作用的边界。

在国际法上，关于外层空间的问题是，能否按照罗马法"谁拥有土地就拥有土地的无限上空"的原则，认为国家主权及于外层空间。尽管有些国际法学者曾经提出过领空无限的主张，现在的明显趋势是，国家对其领土上空的主权必须有一个限度。由于地球的自转和公转，以及整个太阳系的运动，认为国家主权无限制地延伸到宇宙中去是没有实际意义的。

关于领空和外层空间的划分问题，历来有两种对立的主张：一种是"空间论"，主张以空间的某种高度来划分领空和外层空间的界限，以确定两

种不同法律制度适用的范围。还有一种是"功能论",认为应根据飞行器的功能来确定其所适用的法律。如果是航天器,则其活动为航天活动,应适用外空法;如果是航空器,则其活动为航空活动,应受航空法的管辖;整个空间是一个整体,没有划分领空和外层空间的必要。

就"空间论"而言,关于确定外层空间的下部界限大致又有以下几种意见:①以航空器向上飞行的最高高度为限,即离地面 30 ~ 40 千米;②以不同的空气构成为依据来划分界限。由于从地球表面至数万千米高度都有空气,因而出现以几十、几

地球的外层空间

百、几千千米为界的不同主张,甚至有人认为凡发现有空气的地方均为空气空间,应属领空范围;③以人造卫星离地面的最低高度(100 ~ 110 千米)为外层空间的最低界限。1976 年,巴西、哥伦比亚、刚果、厄瓜多尔、印度尼西亚、肯尼亚、乌干达和扎伊尔等 8 个赤道国家发表《波哥大宣言》,主张各赤道国家上空的那一段地球静止轨道(离地面 35 871 千米)属于各该国的主权范围。上述主权要求,使外空划界问题进一步复杂化。

近年来,一些持"空间论"者逐渐趋向于接受上述第三种意见,即离地面 100 千米左右为外层空间的下部界限。1975 年,意大利在外空委员会提出以海拔 90 千米为领空的最高界限。1976 年,阿根廷、比利时和意大利支持以海拔 100 千米为界。1979 年,前苏联建议离海平面 100 ~ 110 千米以上为外层空间,同时各国空间物体为到达轨道和返回发射国领土,有飞越其他国家领空的权利。但另外一些国家,如美、英、日等,则认为从空间科技现状来看,仍无法规定一定高度作为领空和外层空间的界限。他们强调划定外层空间的条件和时机还不成熟。外空的定义和界限以及地球

■图与文

外层空间的利用：进入 20 世纪以后，随着科学技术的发展进步，人类对外层空间的探索和利用取得了显著的成果。1957 年 10 月 4 日，苏联成功发射了世界上第一颗人造卫星；四个月后，美国也发射了自己的人造卫星。1970 年 7 月 24 日，我国成功地发射了自己第一颗人造卫星。

2012 年 6 月 16 日，我国神舟九号飞船在酒泉卫星发射中心发射升空，实施了首次载人空间交会对接。此次"神九"飞船的成功发射和回归标志着我国探索和利用外层空间的活动进入了一个新的阶段。我国已成为继美国和俄罗斯之后在探索和利用外层空间方面又一个拥有先进技术的国家。

静止轨道的法律地位问题尚在联合国和平利用外层空间委员会审议之中。

联合国和平利用外层空间委员会（简称"外空委员会"）作为永久性机构，于 1959 年成立。外空委员会设立了法律和科技两个小组委员会，分别审议和研究有关的法律和科技问题。1963 年联合国大会通过的《各国在探索与利用外层空间活动的法律原则的宣言》，确定了外层空间供一切国家自由探测和使用，以及不得由任何国家据为己有这两条原则。此外，外空委员会先后草拟了 5 项有关外空的国际条约，即《关于各国探索和利用包括月球和其他天体在内外层空间活动的原则条约》(1966，简称《外层空间条约》)、《营救宇宙航行员、送回宇宙航行员和归还射入外层空间的物体的协定》(1967)、《空间物体所造成损害的国际责任公约》(1971)、《关于登记射入外层空间物体的公约》(1974) 和《关于各国在月球和其它天体上活动的协定》(1979)。中国于 1983 年 12 月加入了《外层空间条约》。